Indra Priyadharshini S.
T. V. Padmavathy

Segurança da nuvem de saúde eletrónica utilizando a cifragem homomórfica

Indra Priyadharshini S.
T. V. Padmavathy

Segurança da nuvem de saúde eletrónica utilizando a cifragem homomórfica

Técnicas avançadas para o processamento seguro e confidencial de dados médicos

ScienciaScripts

Imprint
Any brand names and product names mentioned in this book are subject to trademark, brand or patent protection and are trademarks or registered trademarks of their respective holders. The use of brand names, product names, common names, trade names, product descriptions etc. even without a particular marking in this work is in no way to be construed to mean that such names may be regarded as unrestricted in respect of trademark and brand protection legislation and could thus be used by anyone.

Cover image: www.ingimage.com

This book is a translation from the original published under ISBN 978-620-8-01020-1.

Publisher:
Sciencia Scripts
is a trademark of
Dodo Books Indian Ocean Ltd. and OmniScriptum S.R.L publishing group

120 High Road, East Finchley, London, N2 9ED, United Kingdom
Str. Armeneasca 28/1, office 1, Chisinau MD-2012, Republic of Moldova, Europe
Printed at: see last page
ISBN: 978-620-8-10521-1

CAPÍTULO 1

INTRODUÇÃO

A computação em nuvem representa a infraestrutura fundamental para um modelo em desenvolvimento de fornecimento de serviços que tem a vantagem de diminuir os custos através da partilha de recursos de computação e de armazenamento, juntamente com uma caraterística de fornecimento a pedido baseada num modelo de pagamento por utilização. Estas novas caraterísticas afectam diretamente o planeamento das tecnologias da informação (TI), mas continuam a influenciar os mecanismos convencionais de segurança, confiança e privacidade. Os benefícios da computação em nuvem - a sua capacidade de escalar rapidamente, armazenar informações remotamente e partilhar serviços num ambiente em mudança - podem tornar-se um fardo para manter a confiança dos clientes da nuvem. Alguns mecanismos convencionais para fornecer segurança ou privacidade (por exemplo, acordos modelo) não são atualmente suficientemente adaptáveis ou dinâmicos, pelo que devem ser criadas novas metodologias para se adaptarem a esta tecnologia emergente. Neste capítulo, analisamos as questões de segurança, confiança e privacidade no que respeita à computação em nuvem e as formas como podem ser tratadas.

Não existe uma definição única e conclusiva para a computação em nuvem, mas uma definição popular e amplamente conhecida é dada pelo NIST (National Institute of Standards and Technologies): A computação em nuvem é um modelo que permite o acesso ubíquo, conveniente e a pedido à rede a um conjunto partilhado de recursos de computação configuráveis (por exemplo, redes, servidores, armazenamento, aplicações e serviços) que podem ser rapidamente aprovisionados e libertados com um esforço mínimo de gestão ou de interação com o fornecedor de serviços.

A computação em nuvem oferece uma oportunidade de mercado com uma elevada garantia de abertura efectiva de novos negócios (particularmente no domínio dos serviços) e é praticamente certo que transformará definitivamente as nossas infra-estruturas, modelos e serviços de tecnologia da informação. Não só há poupanças de custos devido aos modelos de pagamento conforme o uso, como também o risco de fazer negócios é reduzido, porque não há necessidade de grandes empréstimos financeiros para criar a sua própria infraestrutura. A mudança para a computação em nuvem pode levar a uma rápida evolução, dependendo dos requisitos locais, do contexto empresarial e das especificidades do mercado. Estamos ainda nas fases iniciais, mas as tecnologias de computação em nuvem estão a ser amplamente recebidas em todas as partes do mundo. A capacidade económica da computação em nuvem e a sua capacidade de acelerar o progresso estão a fazer com que as empresas e os governos se sintam obrigados a receber soluções baseadas na computação em nuvem.

1.1 NECESSIDADE DE COMPUTAÇÃO EM NUVEM

A computação em nuvem oferece recursos escaláveis através de vários modelos de subscrição. Isto significa que só terá de pagar pelos recursos informáticos que utilizar. Isto ajuda a gerir os picos de procura sem a necessidade de investir permanentemente em hardware informático.

A Netflix, por exemplo, tira partido deste potencial da computação em nuvem. Devido ao seu serviço de streaming a pedido, enfrenta grandes picos de carga nos servidores nas horas de ponta. A mudança para migrar dos centros de dados internos para a nuvem permitiu à empresa expandir significativamente a sua base de clientes sem ter de investir na instalação e manutenção de infra-estruturas dispendiosas.

1.2 CARACTERÍSTICAS DA COMPUTAÇÃO EM NUVEM

A computação em nuvem ou simplesmente "nuvens" tem várias caraterísticas únicas. De entre elas, são abordadas seis caraterísticas importantes.

1.   Serviços a pedido:

A computação em nuvem oferece serviços aos utilizadores durante o período de tempo necessário, de acordo com as expectativas do utilizador. Os utilizadores são cobrados de acordo com a utilização desse período de tempo específico. Estes serviços são fornecidos aos utilizadores de acordo com a procura e as necessidades.

2.   acesso alargado à rede:

A computação em nuvem fornece os serviços utilizando a infraestrutura de rede subjacente através de procedimentos normalizados, em que os utilizadores podem utilizar os serviços através de clientes "thick" ou "thin" numa plataforma heterogénea. Por exemplo, os utilizadores podem ligar-se através de computadores portáteis, telemóveis, computadores de secretária ou tablets.

3)   Pooling de recursos:

A caraterística de partilha de recursos da nuvem é conseguida através da criação de instâncias virtuais de recursos informáticos e é disponibilizada aos utilizadores para acesso através da rede. Os recursos informáticos ou de armazenamento, como a rede, o armazenamento, os servidores, as aplicações e os serviços Web, são mantidos como um conjunto de recursos e vários utilizadores podem aceder a esses recursos durante um período de tempo definido, de acordo com as necessidades.

4.   elasticidade rápida:

A elasticidade é a capacidade da computação em nuvem para abordar taticamente a atribuição de recursos e lidar com a utilização através do aumento e da redução dos recursos durante os picos de procura e as cargas de trabalho fora dos picos. Esta caraterística permite que as nossas aplicações funcionem sem problemas, adaptando-se às necessidades variáveis através do aprovisionamento de recursos a pedido.

5.   serviço medido:

Os sistemas de computação em nuvem gerem e aumentam intuitivamente a atribuição de recursos e a sua utilização através de um mecanismo de medição na respectiva camada de abstração em relação ao tipo de serviço (por exemplo, armazenamento, CPU, largura de banda da rede, servidores, contas de utilizador, etc.) fornecido ao utilizador. A utilização dos recursos é supervisionada para monitorização, administrada para gestão e comunicada, proporcionando transparência aos clientes da nuvem. Os fornecedores de serviços de computação em nuvem cobram aos utilizadores pelo serviço utilizado apenas na medida em que estes utilizam os serviços, uma vez que estes são medidos. O tempo definido durante o qual o utilizador utiliza um determinado serviço através do respetivo recurso é medido e facturado, o que se designa por modelo de negócio "Pay - per -use" ou "Pay-as-you-go", em que os utilizadores podem usufruir dos serviços da nuvem a um custo razoável.

1.3   MODELOS DE SERVIÇOS EM NUVEM

O mundo empresarial em rápida evolução está a tentar satisfazer as suas necessidades de TI em constante mudança através das nuvens. Os vários modelos de serviço de nuvem são discutidos a seguir.

Infraestrutura como serviço (IaaS):

O modelo IaaS constitui o nível mais baixo da arquitetura em camadas da computação em nuvem, sendo o modelo de serviço mais importante que fornece os recursos de computação e armazenamento como um serviço através da Internet. Os utilizadores podem interagir com os fornecedores de serviços de computação em nuvem (CSP) através de interfaces de utilizador simplificadas e os recursos são disponibilizados às utilizações através de interfaces de programação de aplicações ou API. Em vez de investir muito dinheiro na construção de infra-estruturas, os clientes da computação em nuvem alugam os recursos pelo período necessário. Uma vez que as soluções de computação em nuvem oferecem elasticidade e escalabilidade com planos de custos flexíveis de "pagamento por utilização", as empresas estão a mudar rapidamente para as soluções de computação em nuvem. Os CSP de infra-estruturas mais populares são o Amazon AWS EC2, o Rackspace e o Google Compute Engine.

Plataforma como um serviço (PaaS):

O modelo PaaS oferece aos utilizadores uma plataforma onde podem desenvolver, gerir e implementar as suas aplicações. Oferece um ambiente de execução com vários sistemas operativos e um conjunto de ferramentas para desenvolver, testar e organizar aplicações. Para além do ambiente de execução, também é possível efetuar a manutenção do software e a gestão do ciclo de vida. Assim, podem ser desenvolvidas e geridas remotamente novas aplicações de software. Alguns exemplos de PaaS incluem o AWS Elastic Beanstalk, o Heroku e o Windows Azure.

Software como um serviço (SaaS):

Este modelo é também designado por software "a pedido". O SaaS é um modelo de fornecimento de aplicações de software, em que um produto de software completo e totalmente funcional é fornecido aos utilizadores através da Web por um período de tempo definido, de acordo com a subscrição. As aplicações SaaS são acedidas através de navegadores Web (portanto, em grande medida, independentes da plataforma) e a utilização é facturada com base no consumo ou, num caso mais simples, pode optar-se por uma assinatura mensal. Exemplos populares são o Office365, o GoogleApps, o DropBox, o Cisco WebEx, etc. Nos modelos de nuvem multilocatário, cada utilizador tem um conjunto separado de recursos que lhe é atribuído e que é monitorizado para efeitos de acompanhamento e elaboração de relatórios de utilização. Pode ser escolhida uma política de controlo de acesso de grão fino para uma melhor autorização de privilégios para vários utilizadores.

O diagrama acima, Figura 1.1, mostra o controlo e a gestão do ambiente na plataforma de computação em nuvem. No IaaS, o CSP controla os recursos físicos como a rede, o armazenamento, os servidores e as máquinas virtuais, enquanto o restante tem de ser controlado pelo consumidor da nuvem. Para além da gestão do IaaS, no PaaS, o PSC controla o SO, o middleware e o ambiente de execução, enquanto a aplicação e os dados continuam sob o controlo do utilizador. No modelo SaaS, tudo é controlado e gerido pelo próprio CSP. O utilizador é livre de clicar e utilizar o produto de software pronto a utilizar oferecido através da nuvem.

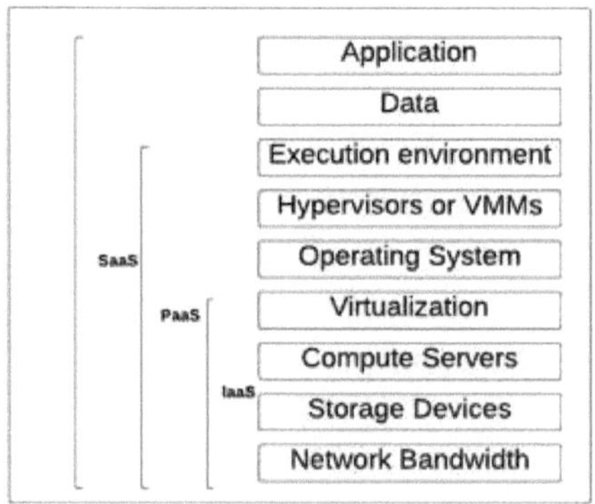

Figura 1.1 Modelos de serviços em nuvem

1.4   MODELOS DE IMPLANTAÇÃO NA NUVEM

O consumidor de serviços de computação em nuvem pode escolher um dos vários modelos de implantação disponíveis de acordo com os seus requisitos comerciais, com base no grau de privacidade e disponibilidade necessários e no custo. Os modelos de implantação mais importantes são discutidos a seguir.

Nuvem privada:

Se o consumidor da nuvem estiver mais preocupado com os dados e outros recursos, a implantação da nuvem privada é a solução. A implementação da nuvem privada permite que os utilizadores saibam como e onde os dados são armazenados. A infraestrutura instalada só é acessível por essa organização específica no local através de uma rede privada. Assim, a nuvem privada está alojada no centro de dados da própria empresa e deve ser mantida pela empresa. Esta implementação garante disponibilidade, segurança e fiabilidade a pedido.

Nuvem pública:

Este modelo de implementação é adequado para as empresas que necessitam de elevada disponibilidade com menos manutenção e custos reduzidos. Os consumidores da nuvem utilizam os recursos computacionais virtualizados, os recursos de armazenamento e os serviços de rede através da Internet. Alguns exemplos de empresas que oferecem serviços de infraestrutura de nuvem pública são Amazon, Google, Microsoft, etc,

Nuvem comunitária:

Uma infraestrutura de computação em nuvem partilhada por várias empresas ou organizações uma infraestrutura de computação em nuvem partilhada por várias organizações que trabalham para um objetivo comum.

Nuvem híbrida:

Uma combinação de dois ou mais ambientes de nuvem, geralmente infra-estruturas de nuvem privada e pública, em que a organização mantém os dados e recursos sensíveis na nuvem privada e os recursos e cargas de trabalho que podem ser expostos são movidos através da nuvem. Esses tipos de requisitos variados da organização levam à mistura de ambientes de computação como nuvens híbridas.

Na maioria destes modelos de implantação, vários consumidores de serviços de computação em nuvem podem aceder a aplicações de software e a recursos de infra-estruturas, como servidores informáticos e dispositivos de armazenamento, através da Internet, a que se dá o nome de "multi-tenancy". Por conseguinte, a instância da máquina virtual, a aplicação de software e a máquina física em que é executada são acedidas por vários clientes da nuvem. Assim, uma instância de software e a máquina física em que é executada são acedidas por vários clientes pertencentes a empresas diferentes, pelo que é necessário aplicar procedimentos de segurança adequados para garantir a proteção das máquinas virtuais atribuídas a cada utilizador. A computação em nuvem influenciou em grande medida o campo das empresas no domínio da externalização, o que resultou no aluguer de infra-estruturas junto de um prestador de serviços ou na entrega de projectos e processos empresariais que aderem às políticas da empresa a um prestador de serviços externo para implementação. O desafio para as empresas é identificar onde é que os dados estão efetivamente armazenados na nuvem.

1.5   ARQUITECTURA DA COMPUTAÇÃO EM NUVEM

A infraestrutura de computação em nuvem baseia-se numa arquitetura heterogénea com muitos tipos de recursos. É construída com redes de Internet de PCs, clusters, redes de armazenamento e servidores. O middleware desempenha um papel importante na gestão do ambiente de tempo de execução e na atribuição de recursos para a execução. A camada de virtualização suporta o ambiente de execução, isolando as aplicações e oferecendo os serviços QoS necessários.

O agrupamento de recursos é gerido pelos hipervisores através de um conjunto de máquinas virtuais. A virtualização do hardware é geralmente implementada nesta camada. Os recursos de hardware como CPUs, servidores e dispositivos de memória são atribuídos a utilizadores e aplicações de acordo com as necessidades através de tecnologias de máquinas virtuais. Para além das tecnologias de virtualização do hardware, são implementadas tecnologias de virtualização do armazenamento e da rede para virtualizar e controlar todos os recursos.

Um novo modelo de serviço denominado "qualquer coisa como serviço" (XaaS), em que qualquer tipo de serviço pode ser oferecido aos utilizadores, combinando os serviços básicos e acrescentando caraterísticas adicionais. As soluções que podem ser fornecidas podem abranger todos os modelos de serviço dos sistemas de computação em nuvem. Os sistemas IaaS podem oferecer infra-estruturas como bare metal sob a forma de máquinas virtuais, nas quais são implementadas soluções PaaS. Quando a solução Paas não é necessária, podemos personalizar as máquinas virtuais para executar as aplicações. A computação em nuvem é uma opção interessante para as empresas em fase de arranque ou mesmo para as empresas de grande dimensão, pois permite-lhes implementar rapidamente as suas ideias, reduzindo simultaneamente o investimento de capital em infra-estruturas de TI.

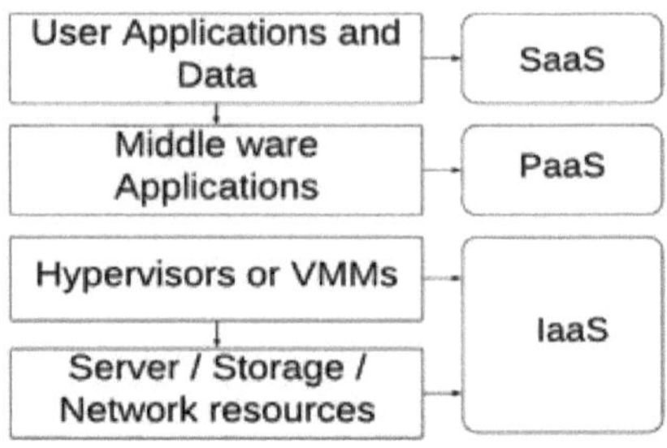

Figura 1.2 Arquitetura da camada de serviços em nuvem

1.6   PROBLEMAS NA COMPUTAÇÃO EM NUVEM

1.6.   1Privacidade

Não existe uma definição padrão de privacidade e confiança, que varia consoante o contexto. A relação entre privacidade, segurança e confiança é inevitavelmente difícil. A privacidade e a segurança da informação são as tarefas mais complexas da atualidade, uma vez que a importância dos dados está a aumentar e o impacto da recolha e do tratamento de dados nas empresas é enorme. Grandes empresas como o Facebook, a Amazon e a Google construíram a sua atividade com base nos dados. A privacidade dos dados ou a privacidade da informação tem a ver com a forma como os dados são tratados de muitas maneiras, tais como i) se os dados são recolhidos com o consentimento do proprietário ou não ii) se é dado o devido aviso ou não iii) se cumprem as obrigações regulamentares como o RGPD, HIPAA, etc., iv) como são partilhados os dados com terceiros? Isso é feito com consentimento prévio? Existem várias formas de privacidade, desde "o direito de ser deixado em paz", "o controlo das informações sobre nós próprios", "os direitos e obrigações dos indivíduos e das organizações no que respeita à recolha, utilização, divulgação e retenção de informações pessoalmente identificáveis" e centram-se nos danos resultantes de violações da privacidade. Outra influência é a ideia de

Nissenbaum de privacidade como "integridade contextual", através da qual se pode medir a natureza dos desafios colocados pelas tecnologias da informação.

No contexto comercial e de consumo, a privacidade implica a proteção e a utilização adequada das informações pessoais dos clientes e a satisfação das expectativas dos clientes quanto à sua utilização. Para as organizações, a privacidade implica a aplicação de leis, políticas, normas e processos através dos quais a informação pessoal é gerida. O que é apropriado dependerá da legislação aplicável, das expectativas dos indivíduos sobre a recolha, utilização e divulgação das suas informações pessoais e de outras informações contextuais; por conseguinte, uma forma de pensar sobre a privacidade é apenas como "a utilização apropriada das informações pessoais nas circunstâncias". A proteção de dados é a gestão da informação pessoal e é frequentemente utilizada na União Europeia em relação a leis e regulamentos relacionados com a privacidade (embora nos EUA a utilização deste termo esteja mais centrada na segurança).

Em termos gerais, as informações pessoais descrevem factos, comunicações ou opiniões relacionados com o indivíduo e que seria razoável esperar que este considerasse íntimos ou sensíveis e, por conseguinte, que quisesse partilhar. Os termos "informação pessoal" e "dados pessoais" são normalmente utilizados na Europa e na Ásia, ao passo que nos EUA é normalmente utilizado o termo "informação pessoal identificável" (IPI), mas são geralmente utilizados para referir o mesmo conceito (ou um conceito muito semelhante). Estas informações podem ser definidas como informações que podem ser associadas a um determinado indivíduo e incluem, por exemplo, o nome, a morada, o número de telefone, o número da segurança social ou da identidade nacional, o número do cartão de crédito, o endereço de correio eletrónico, as palavras-passe e a data de nascimento. Há uma série de tipos de informações que podem ser dados pessoais, mas que não o são necessariamente em todas as circunstâncias, como os dados de utilização recolhidos de dispositivos informáticos, como impressoras; dados de localização; informações comportamentais, como os hábitos de visualização de conteúdos digitais; os sítios Web recentemente visitados pelos utilizadores ou o histórico de utilização de produtos e identificadores em linha, como endereços IP, etiquetas de identidade por radiofrequência (RFID), identificadores de cookies e identidades únicas de hardware. A atual definição de dados pessoais da União Europeia (UE) estabelece que por dados "pessoais" se entende qualquer informação relativa a uma pessoa singular identificada ou identificável ("pessoa em causa"); é considerada identificável uma pessoa que possa ser identificada, direta ou indiretamente, em especial por referência a um número de identificação ou a um ou mais elementos específicos da sua identidade física, fisiológica, psíquica, económica, cultural ou social.

1.6.2   Segurança

No sentido da Segurança da Informação, a segurança pode ser definida como: A preservação da confidencialidade, integridade e disponibilidade da informação; além disso, podem também estar envolvidas outras propriedades como a autenticidade, a responsabilidade, o não repúdio e a fiabilidade. A confidencialidade é comummente, mas erradamente, equiparada à privacidade por alguns profissionais da segurança e é: A propriedade de a informação não ser disponibilizada ou divulgada a indivíduos, entidades ou processos não autorizados. A segurança é uma condição necessária mas não suficiente para a privacidade.

A segurança é, na verdade, um dos princípios fundamentais da privacidade, tal como foi considerado na subsecção anterior. Do mesmo modo, é um requisito comum ao abrigo da lei que, se uma empresa subcontratar o tratamento de informações pessoais ou dados confidenciais a outra empresa, tem a responsabilidade de garantir que a empresa subcontratada utiliza "segurança razoável" para proteger esses dados. Isto significa que qualquer organização que crie, mantenha, utilize ou divulgue registos de IIP deve garantir que os registos não foram adulterados e deve tomar precauções para evitar a utilização indevida das informações. Especificamente, para garantir a segurança do processamento de tais informações, os responsáveis pelo tratamento de dados devem implementar medidas técnicas e organizacionais adequadas para as proteger contra

- Acesso ou divulgação não autorizados: em especial quando o tratamento envolve a transmissão de dados através de uma rede

- Destruição: destruição ou perda acidental ou ilegal

- Modificação: alteração inadequada

- Utilização não autorizada : todas as outras formas ilegais de tratamento

Os mecanismos para o fazer incluem a avaliação do risco, a implementação de um programa de segurança da informação e a criação de salvaguardas efectivas, razoáveis e adequadas que abranjam os aspectos físicos, administrativos e técnicos da segurança. No caso da computação em nuvem, o PSC precisa de implementar uma "segurança razoável" no tratamento da informação pessoal. A privacidade difere da segurança na medida em que está relacionada com os mecanismos de tratamento da informação pessoal, lidando com os direitos individuais e aspectos como a equidade de utilização, a notificação, a escolha, o acesso, a responsabilidade e a segurança. Muitas leis sobre privacidade também restringem o fluxo transfronteiriço de dados pessoais. Os mecanismos de segurança, por outro lado, centram-se no fornecimento de mecanismos de proteção que incluem autenticação, controlos de acesso, disponibilidade, confidencialidade, integridade, retenção, armazenamento, cópia de segurança, resposta a incidentes e recuperação. A privacidade diz respeito apenas a informações pessoais, enquanto a segurança e a confidencialidade podem dizer respeito a todas as informações.

1.6.3   Confiança

A confiança é um conceito complexo para o qual não existe uma definição académica universalmente aceite. Os dados de uma coleção contemporânea e interdisciplinar de textos académicos sugerem que uma definição amplamente aceite de confiança é a seguinte A confiança é um estado psicológico que inclui a intenção de aceitar a vulnerabilidade com base em expectativas positivas das intenções ou do comportamento de outrem. No entanto, esta definição não capta totalmente as subtilezas dinâmicas e variadas envolvidas. Por exemplo: deixar que os fiduciários se ocupem de algo com que o fiduciário se preocupa; a probabilidade subjectiva com que o fiduciário avalia que o fiduciário realizará uma determinada ação; a expetativa de que o fiduciário não se envolverá em comportamentos oportunistas; e uma crença, atitude ou expetativa relativamente à probabilidade de as acções ou resultados do fiduciário serem aceitáveis ou servirem os interesses do fiduciário.

A confiança é uma noção mais ampla do que a segurança, uma vez que inclui critérios subjectivos e experiência. Do mesmo modo, existem soluções de confiança rígidas (orientadas para a segurança) e flexíveis (ou seja, não orientadas para a segurança). A confiança "dura" envolve aspectos como a autenticidade, a cifragem e a segurança nas transacções, enquanto a confiança "suave" envolve a psicologia humana, a fidelidade à marca e a facilidade de utilização. No entanto, a segurança envolve algumas questões não vinculativas.

Um exemplo de soft trust é a reputação, que é uma componente da confiança em linha que é talvez o ativo mais valioso de uma empresa (embora, obviamente, a reputação de um PSC possa não ser justificada). A imagem da marca está associada à confiança e sofre se houver uma violação da confiança ou da privacidade. Muitas vezes, as pessoas têm mais dificuldade em confiar nos serviços em linha do que nos serviços fora de linha, porque no mundo digital não há sinais físicos e pode não haver autoridades centralizadas estabelecidas. A desconfiança em relação aos serviços em linha pode mesmo afetar negativamente o nível de confiança concedido a organizações que há muito são respeitadas como dignas de confiança.

Há muitas formas diferentes de estabelecer a confiança em linha: a segurança pode ser uma delas (embora a segurança, por si só, não implique necessariamente confiança). Há quem defenda que a segurança nem sequer é uma componente da confiança: Podemos argumentar que o nível de segurança não afecta a confiança. Por outro lado, um exemplo de que o aumento da segurança resulta num aumento da confiança é o facto de as pessoas estarem mais dispostas a participar no comércio eletrónico se tiverem a garantia de que os números dos seus cartões de crédito e os seus dados pessoais estão protegidos por criptografia.

1.7 PORQUÊ A NUVEM PARA A SAÚDE?

A computação em nuvem é um modelo comercial emergente que permite às organizações eliminar a necessidade de manter infraestruturas internas de hardware, software e redes de alto custo. Também reduz ou mesmo elimina o elevado custo de recrutamento de profissionais técnicos para apoiar e operar as infra-estruturas internas e as soluções de TI. Através da utilização da virtualização e da partilha de tempo de recursos, a Nuvem oferece diversas soluções de TI como serviços a pedido para diferentes necessidades organizacionais. Foi concebida para ser flexível e escalável, permitindo assim aos clientes aumentar as capacidades do seu sistema existente sem investir em novos componentes de infra-estruturas. Embora as nuvens possam reduzir significativamente os custos e as complexidades de TI, melhoram a utilização dos recursos e a prestação de serviços Diferentes tipos de organizações podem beneficiar da computação em nuvem, tais como organizações governamentais, empresas financeiras, empresas de entretenimento em linha e prestadores de cuidados de saúde. O tipo especial de computação em nuvem que é utilizado para melhorar os cuidados de saúde dos doentes é designado por e-Health Cloud e oferece oportunidades para resolver algumas das limitações actuais.

1.7.1   Adoção da computação em nuvem pelo sector da saúde

O sector da saúde, tal como qualquer outro sector de serviços, necessita de uma inovação sistemática e contínua para oferecer serviços rentáveis e de elevada qualidade. Muitos gestores e especialistas prevêem que a computação em nuvem melhorará os serviços de saúde, ajudará os investigadores no domínio da saúde e transformará a face das TI. Num contexto médico, a nuvem oferece a possibilidade de acesso simples e rápido aos registos médicos electrónicos. O acesso rápido ao historial médico de uma pessoa irá acelerar o processo de tratamento, reduzir as complicações e aumentar a probabilidade de salvar a vida dos doentes. Os principais problemas na gestão e análise dos dados da investigação biomédica são a complexidade do tratamento dos dados, os custos e a indisponibilidade de soluções computacionais para os problemas. Várias soluções inovadoras, como a computação em nuvem, demonstraram ter potencial para resolver estes problemas. A computação em nuvem é uma das principais tecnologias de informação na área da saúde e pode ser classificada em seis riscos principais relacionados com as infra-estruturas informáticas dos cuidados de saúde, que devem ser devidamente abordados para uma implementação bem sucedida da saúde em linha na nuvem: risco regulamentar, risco de desempenho, risco de propriedade intelectual, risco de responsabilidade, risco de continuidade das actividades e risco de execução.

Exemplo de aplicação no sector da saúde:

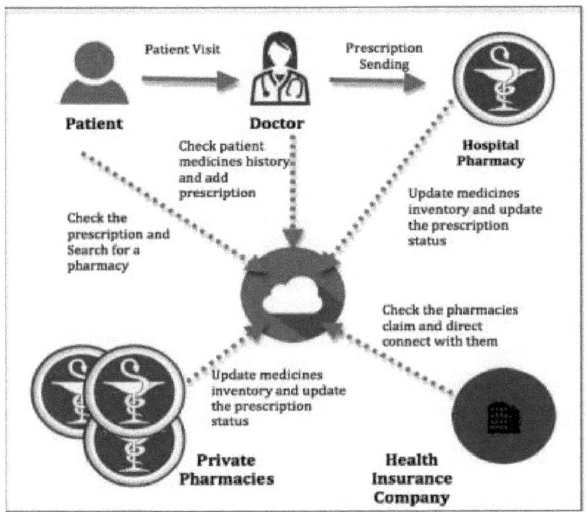

Figura 1.3 Exemplo de aplicação no sector da saúde

A recolha dos dados dos doentes numa localização central como a e-Health Cloud traz muitos benefícios:

1. Melhoria do diagnóstico de doenças e dos cuidados aos doentes

2. Diminuição do custo das infra-estruturas

3. Aumento da consolidação de recursos

4. Melhoria da qualidade dos serviços de saúde

5. Facilitar uma melhor investigação

6. Facilitar os cuidados de saúde em todo o país

7. Facilita o planeamento de políticas de cuidados de saúde avançados

8. Criação de um repositório de registos de saúde

9. Assistência em ensaios clínicos

1.7.2   Requisitos da Health Cloud

1. Disponibilidade

2. Confidencialidade

3. Integridade

4. Fiabilidade

5. Gestão de dados

6. Escalabilidade

7. Segurança

8. Privacidade

9. Flexibilidade

10. Adaptabilidade das instituições de saúde

11. Formação de profissionais de saúde

12. Normas de legislação

13. Confiança e responsabilidade

14. Usabilidade e experiência do cliente

1.8   DESAFIOS NA IMPLEMENTAÇÃO DA COMPUTAÇÃO EM NUVEM PARA A SAÚDE

1.   **Elevado custo de implementação e manutenção das tecnologias de informação e comunicação:**

O custo das TIH exige investimentos em software, hardware, infra-estruturas técnicas, profissionais de TI e formação. Isto pode resultar num custo considerável para as organizações de saúde, em especial para as entidades de média e pequena dimensão. As implementações de HIT podem ser morosas e desgastantes para as organizações de cuidados de saúde, já de si sobrecarregadas, devido às exigências impostas aos profissionais de saúde, que têm de partilhar as responsabilidades do projeto com as suas obrigações de assistência aos doentes. Por último, as HIT requerem equipas dedicadas e financiamento adequado para a gestão e manutenção quotidianas

2)   Fragmentação das tecnologias de informação e comunicação e intercâmbio insuficiente de   dados dos doentes:

Na maioria dos casos, as HIT existem como pequenos sistemas clínicos ou administrativos separados em diferentes departamentos da organização do prestador de cuidados de saúde. Por conseguinte, os dados dos doentes existem num estado disperso em que certas partes desses dados estão restritas a sistemas departamentais separados, a certas clínicas ou áreas da organização de cuidados de saúde. Estas bolsas de dados dispersas dificultam a reunião e partilha de informações entre a organização ou entre diferentes prestadores de cuidados de saúde.

Falta de regulamentação/legislação que obrigue à utilização e proteção da recolha e comunicação eletrónica de dados relativos aos cuidados de saúde:

Atualmente, não existem leis ou regulamentos bem estabelecidos que obriguem à recolha eletrónica de dados dos doentes, para além de legislação que abranja questões de proteção e segurança desses dados. Por exemplo, não existe uma lei geral que proteja a privacidade dos doentes e o intercâmbio dos seus dados médicos entre países. Por exemplo, a diretiva relativa à privacidade e às comunicações electrónicas na Europa protege as informações pessoais dos doentes, ao passo que a Lei da Portabilidade e Responsabilidade dos Seguros de Saúde (HIPPA) e a Lei do Departamento de HIT para a Saúde Económica e Clínica (HITECH) nos Estados Unidos aplicam normas de privacidade e segurança às organizações abrangidas pela HIPPA.

3.   falta de normas de conceção e desenvolvimento da nuvem de saúde em linha:

Não existem normas bem estabelecidas que os prestadores de cuidados de saúde possam utilizar para conceber e construir os seus sistemas. Isto incluiria definições de tipos de dados, formulários e, por vezes, a frequência da recolha de dados, para além da definição do modo como os dados são obtidos, armazenados, utilizados e protegidos. Um dos maiores desafios na área da normalização da saúde em linha é a produção de numerosas normas de saúde em linha (por exemplo, DICOM, ISO/TC 215, HL7, etc.) desenvolvidas por numerosos organismos de normalização (por exemplo, NEMA, ISO, etc.). Muitas delas não são interoperáveis ou não estão diretamente coordenadas entre si a nível organizacional. Para mais informações sobre as normas de saúde em linha existentes, consultar o relatório ITU-T technology Watch Report, 2011.

1.9   REGISTOS DE SAÚDE ELECTRÓNICOS

Os registos de saúde dos doentes (PHR), armazenados em computadores, são designados por registos de saúde electrónicos (EHR). O processo sistemático de armazenamento dos registos de saúde ou das informações pessoais dos doentes em formato digital é adotado pela maioria das instituições de cuidados de saúde. Poucas estão na fase de transição dos registos de saúde em papel para o armazenamento eletrónico. Os RSE ajudam a armazenar as informações de saúde em múltiplos formatos durante um período de tempo mais longo. Existem disposições para manter os registos de saúde electrónicos de forma longitudinal durante toda a vida. Os RSE não se limitam às informações sobre saúde. Incluem também informações de carácter administrativo. Os CDI contêm todas as informações relacionadas com a saúde, nomeadamente notas médicas, recibos de farmácia, relatórios de exames, imagens de raios X, resumos de alta, receitas de medicamentos, etc. Os CDI podem ser estruturados, não estruturados ou semi-estruturados.

Figura 1.4 Conteúdo dos CPE

Como o país está a digitalizar-se, o crescimento dos dados está a aumentar em todos os outros domínios. De acordo com dados de estudos de mercado de 2012, a dimensão dos dados de saúde ronda os 500 Petabytes. Os relatórios indicam que o mercado global da análise dos cuidados de saúde atingirá 50,5 mil milhões de dólares no ano de 2024. Estima-se que, em 2019, esse valor seja de 14 mil milhões de dólares.

1.9.1 Questões relacionadas com o armazenamento de registos de saúde electrónicos

1) A complexidade e a dimensão dos dados médicos estão a aumentar rapidamente.

2) A natureza dos dados pode ser estruturada, não estruturada ou semi-estruturada.

3) Estão disponíveis várias normas e estruturas de CDI. A interoperabilidade é uma questão difícil.

4) Os registos de saúde electrónicos devem conter informações pessoais e administrativas, bem como informações sobre a saúde dos pacientes, pelo que são muito sensíveis.

5) A segurança dos sistemas de registo de dados electrónicos é uma tarefa difícil de considerar.

6) As questões éticas relativas ao armazenamento e à partilha de registos de saúde electrónicos devem ser tratadas com cuidado, uma vez que exigem requisitos diferentes consoante a organização e a sua localização.

7) Existem várias fontes disponíveis para a criação de um sistema de registo de dados electrónicos, da mesma forma que diferentes entidades, como médicos, doentes, investigadores médicos, agentes de seguros, etc., acedem ao sistema. Não é uma tarefa fácil fornecer uma plataforma comum segura que respeite as leis éticas para os cuidados de saúde do país.

8) A privacidade e a segurança dos sistemas de registo de dados electrónicos são a principal preocupação de qualquer sistema de registo de dados electrónicos, uma vez que um acesso autorizado poderia causar danos graves aos doentes ou a outras entidades do sistema ecológico.

9) Deve ser dada formação adequada aos recursos humanos que armazenam e mantêm os sistemas informáticos de gestão de recursos humanos. Porque a negligência pode causar problemas graves.

1.9.2 Tipos de sistemas EHR

De acordo com os relatórios estatísticos, 78% dos hospitais optaram por sistemas básicos de EHR. O sistema EHR enquadra-se principalmente numa das seguintes categorias.

1) **Sistemas EHR baseados em servidor:**

Este sistema é também designado por sistema EHR no local. Os dados médicos são armazenados nos servidores locais do próprio hospital. A gestão dos sistemas informáticos de gestão de saúde é efectuada pelo próprio hospital.

2) **Sistemas EHR baseados na nuvem:**

Este sistema é também designado por sistema de alojamento remoto, em que os dados de saúde são armazenados em plataformas de terceiros, como as nuvens. A gestão é efectuada pelo fornecedor de serviços de computação em nuvem. A segurança e a privacidade dos dados têm de ser acauteladas à medida que estes são transferidos para servidores de nuvens de terceiros.

1.10 SISTEMA PÚBLICO DE SAÚDE NA ÍNDIA

O Governo da Índia promete "bem-estar para todos" aos seus cidadãos. As pessoas com boa saúde física e mental são activos para a nação. Pessoas intelectualmente saudáveis podem contribuir para o crescimento da economia através do seu crescimento individual. Qualquer país em desenvolvimento deve dispor de instalações de cuidados de saúde adequadas e de infra-estruturas conexas para satisfazer as necessidades de cuidados de saúde da população, a fim de alcançar o crescimento em todos os aspectos. A saúde pode afetar vários factores sociais e económicos, como a educação, a nutrição, o rendimento, a população, o ecossistema, etc. A Organização Mundial de Saúde afirma que "um elevado nível de saúde para todos é um direito fundamental, independentemente da sua religião, raça, casta, influência política, estatuto social e económico".

O sistema de saúde na Índia é servido tanto por prestadores de serviços de saúde privados como públicos. Os estabelecimentos de saúde privados contribuem em grande medida para a prestação de serviços de saúde secundários e terciários nas zonas urbanas. Os estabelecimentos de saúde públicos desempenham um papel importante na prestação de serviços de cuidados de saúde primários, principalmente nas zonas rurais. Os serviços são prestados gratuitamente aos residentes na Índia. No entanto, alguns serviços são prestados mediante co-pagamento. O sistema de saúde pública está organizado em três níveis: cuidados primários, cuidados secundários e cuidados terciários. Os seguintes centros de saúde desempenham um papel importante na prestação de serviços de saúde imediatos às pessoas que vivem em zonas rurais e urbanas. 1) Subcentro (SC) 2) Centro de cuidados de saúde primários (PHC) 3) Centro de cuidados de saúde comunitários (CHC) e 4) Hospitais distritais.

Subcentro (SC):

Esta unidade serve gratuitamente as populações das zonas rurais profundas. Os serviços médicos básicos são prestados às pessoas. Também realizam programas de consciencialização das pessoas sobre doenças, hábitos saudáveis, etc. A SC serve uma população de cerca de 5000 pessoas. Um mínimo de dois agentes de saúde trabalham para uma SC,

Centros de Saúde Primários (CSP):

Os PHC estão localizados em zonas rurais pouco desenvolvidas para prestar serviços de saúde gratuitos às pessoas. Servem cerca de 20000 pessoas. Trata-se de clínicas de grandes dimensões quando comparadas com as SCS, que são constituídas por médicos e paramédicos.

Centros de Saúde Comunitários (CHC):

Os CHC estão situados nas zonas urbanas e servem mais de 120 000 pessoas. Os doentes que não podem ser tratados pelos PHC são enviados para os CHC, que dispõem de melhores infra-estruturas e instalações médicas. São as primeiras unidades de referência para os cuidados obstétricos, as urgências, os cuidados infantis e também para o armazenamento de sangue.

Hospitais Distritais:

Este hospital está no topo da lista dos cuidados secundários, a unidade de referência final dos PHC e CHC. Existe pelo menos um hospital distrital por distrito. Este dispõe de instalações como camas para o tratamento de doentes internados. No entanto, carece de equipamento moderno para cuidados críticos e tratamentos médicos avançados.

A figura abaixo mostra a estrutura organizacional do sistema público de saúde na Índia

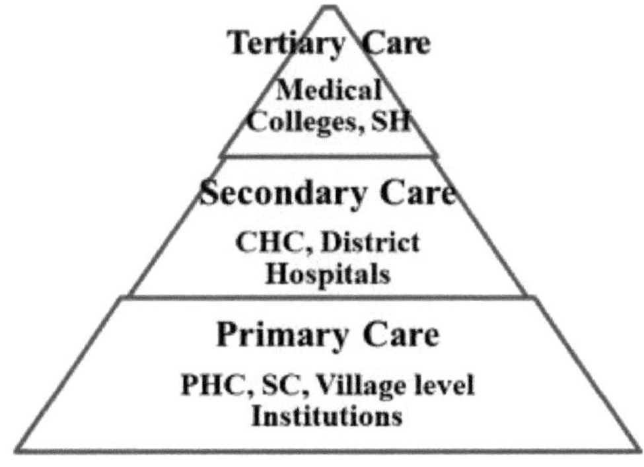

Figura 1.5 Estrutura do sistema de saúde pública na Índia

1.11   MOTIVAÇÃO

A recente união tecnológica da computação em nuvem, dos grandes volumes de dados e da Internet das Coisas provocou uma mudança revolucionária no domínio dos cuidados de saúde. O termo "nuvem de saúde eletrónica" é hoje uma palavra de ordem, uma vez que muitas organizações de cuidados de saúde e hospitais estão a transferir as informações de saúde electrónicas para um ambiente de nuvem. A nuvem de saúde em linha funciona como um repositório de registos médicos e um centro de intercâmbio que facilita a qualidade dos serviços médicos e a análise fiável das doenças. A computação em nuvem é um paradigma emergente que permite o acesso a dados a pedido, mas a segurança e o anonimato continuam a ser os principais problemas a resolver.

Embora a nuvem de saúde ofereça uma forma cómoda e fácil de armazenar, partilhar e analisar os registos de saúde electrónicos (RSE) dos doentes para um diagnóstico rápido das doenças, a confiança nos fornecedores de serviços na nuvem (CSP) torna os RSE vulneráveis a ataques e comprometimento dos dados. O principal desafio na enorme mudança de paradigma do modelo tradicional de cuidados de saúde para um sistema de cuidados de saúde baseado na nuvem é garantir a segurança e a privacidade. Para além do armazenamento e da partilha de registos de saúde, as nuvens de saúde em linha podem ser utilizadas para analisar os grandes volumes de registos de saúde electrónicos, a fim de obter informações úteis para um melhor diagnóstico das doenças

1.12   PROBLEMA

O objetivo deste trabalho de investigação é proteger o armazenamento e a partilha de EHR em nuvens de saúde eletrónica utilizando a Encriptação Homomórfica (SHE). Este objetivo é alcançado através da preservação da confidencialidade dos CPE e da aplicação de segurança aos CPE na nuvem, encriptando-os com a utilização de um pouco de HE. A principal motivação é armazenar os registos de saúde electrónicos sensíveis dos doentes no repositório da nuvem, partilhando-os de forma segura entre várias entidades da nuvem de saúde eletrónica. Por último, a previsão de doenças ou qualquer outra análise pode ser efectuada com base nos dados dos registos médicos electrónicos utilizando diferentes classificadores. Este trabalho de investigação propõe uma estrutura para uma estrutura de nuvem de saúde eletrónica segura que fornece caraterísticas personalizadas a vários utilizadores do sistema ecológico de saúde para armazenamento seguro e partilha de EHRs e também análise de EHR utilizando o modelo de regressão multivariada para melhor estimar o tamanho do pâncreas.

1.13   CONTRIBUIÇÃO PARA A TESE

- É criado um repositório seguro de armazenamento de EHR para o sistema de saúde indiano, utilizando o sistema de criptografia de chave pública homomórfica Boneh, Goh-Nissim (BGN).

- É implementado um sistema seguro de partilha de EHR para o sistema de cuidados de saúde indiano para partilhar EHRs entre vários centros de saúde (HCs), hospitais governamentais (GH) e outras organizações governamentais (DoH) utilizando o criptossistema Ateniese, Fu, Green & Hohenberger (AFGH).

- Uma nova estrutura analítica de EHR para a estimativa do encolhimento do pâncreas utilizando a espetroscopia NIR e a técnica de modelo de regressão multivariada.

1.14   ORGANIZAÇÃO DA TESE

A tese está planeada da seguinte forma;

O capítulo 2 explica o levantamento de todos os trabalhos relacionados com os sistemas de cuidados de saúde na Índia, a adoção da computação em nuvem no sistema de cuidados de saúde, as formas de gerar e armazenar de forma segura os registos de saúde electrónicos e o intercâmbio de registos de saúde entre as entidades do sistema de cuidados de saúde.

O capítulo 3 aborda a arquitetura geral do sistema do quadro proposto.

O capítulo 4 descreve o quadro proposto para a saúde em linha utilizando o sistema criptográfico BGN.

O capítulo 5 explica o sistema seguro de partilha de EHR utilizando o sistema de criptografia AFGH.

O capítulo 6 apresenta o quadro analítico de EHR utilizando a espetroscopia NIR e o modelo de regressão multivariada.

O capítulo 7 apresenta as conclusões e a orientação futura da investigação.

CAPÍTULO 2

PESQUISA BIBLIOGRÁFICA

2.1   SISTEMA DE SAÚDE NA ÍNDIA

Chokshi *et al.* (2016) resumiram a infraestrutura completa do sistema de saúde indiano. Os onze níveis do sistema de saúde pública indiano e as suas funcionalidades são discutidos em pormenor. Os estratos são os hospitais médicos, os hospitais distritais, os hospitais subdistritais, os centros de saúde comunitários, a mão de obra para estes estratos, os centros de saúde primários (PHC), a mão de obra para os PHC, os sub-centros de saúde (SHC), os profissionais de saúde rurais, a população com baixos rendimentos e a mão de obra para os SHC e outros estratos. A população de cada estrato está a aumentar, desde as faculdades de medicina até à força de trabalho dos CSC. Imrana Qadeer (2000) afirma que há uma transição maciça no sistema de saúde indiano que surge em todos os domínios médicos especializados. O rápido crescimento da população forçou a transição para uma comunidade saudável e produtiva. Garg *et al.* (2012) refere as insuficiências das infra-estruturas de cuidados de saúde na Índia, tanto nas zonas rurais como nas zonas urbanas. Para além da falta de mão de obra, a falta de infra-estruturas tecnológicas é também um fator vital a considerar.

Nirupam Bajpai e Sangeeta Goyal (2004) resumiram os factores de cobertura e qualidade relacionados com os cuidados de saúde primários na Índia. Segundo eles, o Governo da Índia investe uma percentagem muito baixa do seu PIB nos cuidados de saúde primários. Como o país tem mais pessoas abaixo do limiar de pobreza, é essencial investir mais e desenvolver infra-estruturas médicas intensivas para os cuidados de saúde pública. Ranganayakulu Bodavala (2002) também discutiu a aplicação das TIC nos cuidados de saúde indianos em vários aspectos. Na Índia, a telemedicina é o primeiro método de TIC utilizado nos cuidados de saúde. O segundo é o desenvolvimento de bases de dados centralizadas específicas de doenças, onde os pormenores do doente, a informação sobre o tratamento e os pormenores do acompanhamento são arquivados para referência futura.

2.2   DESAFIOS DOS CUIDADOS DE SAÚDE NA ÍNDIA

Roger *et al.* (2011) resumiram o impacto dos aspectos culturais nos cuidados de saúde indianos. Os factores psicossociais, as crenças culturais, as normas sociais, os sintomas ligados à cultura e as crenças dependentes do género são os principais factores considerados para prever os desafios no desenvolvimento das infra-estruturas de cuidados de saúde e na prestação de serviços. A Abordagem Centrada na Família (FCA) é discutida por Siddharudha. Shivalli *et al.* (2015) abordaram os desafios nos CSP. A experiência adquirida nas zonas urbanas é utilizada para resolver os desafios. A FCA é utilizada para fornecer educação sanitária a nível familiar para melhorar a higiene e a imunidade. A FCA é implementada sob a supervisão dos profissionais de saúde e dos médicos. O resultado desta abordagem melhorou a consciencialização entre as pessoas das famílias que participaram neste evento. Além disso, os factores sociais, culturais e religiosos são interpretados cientificamente para melhorar a sensibilização e a crença. Quando a área médica está a ser actualizada ou reformada, ocorrem muitos problemas que afectam o sistema de cuidados de saúde.

Anthony Wellever *et al.* (1998) também enumeraram estas questões. A tentativa de atualização leva a consequências inesperadas que podem ser resolvidas melhorando a libertação de fundos para a atualização. Ramani *et al.* (2018) analisaram os factores que afectam a aplicação da abordagem dos CSP na Índia. Os factores são analisados a nível macro e no contexto micro. A nível micro, a prestação de serviços é afetada devido à falta de médicos. Há outras questões micro que se prendem com a manutenção de stocks adequados de medicamentos e serviços. Ao aperfeiçoar todos estes factores, os CSP podem tornar-se um palco melhor para prestar os cuidados médicos essenciais.

2.3 PAPEL DA MANIPULAÇÃO DE DADOS NO SISTEMA DE SAÚDE INDIANO

Os registos de saúde electrónicos (RSE) são uma nova componente das TIC no domínio dos cuidados de saúde na Índia. Os relatórios do Ministério da Eletrónica e das Tecnologias da Informação (Sunil Kumar (2016)) afirmam que a adoção dos RSE é essencial para o desenvolvimento de sistemas de saúde inteligentes. Têm de ser utilizados métodos eficazes para um tratamento eficiente dos RH. Os quatro principais domínios importantes têm de ser abrangidos. São elas as infra-estruturas TIC, a política e a regulamentação, as normas e a interoperabilidade e a investigação e desenvolvimento com formação. A gestão dos recursos humanos envolve várias actividades, como o intercâmbio e a partilha seguros de informações.

O armazenamento de dados relativos aos cuidados de saúde é essencial e pode ser utilizado para práticas clínicas e não clínicas. Shreekant Iyengar *et al.* (2012) realizaram um inquérito sobre a acessibilidade dos cuidados de saúde primários à população rural da Índia. Neste inquérito, foram recolhidos dados clínicos e não clínicos nos Estados de Madhya Pradesh, Uttar Pradesh, Rajasthan, Karnataka, Andhra Pradesh e Tamil Nadu. Shirin Madon *et al.* (2010) também explicaram a importância da descentralização no sistema de informação sobre saúde para garantir a responsabilidade democrática. A Índia é o maior país democrático do mundo. A nação tem os seus próprios actos para preservar a responsabilidade perante todos os seus cidadãos em todos os serviços. Assim, a responsabilidade deve ser mantida também nos sistemas de informação no domínio da saúde.

Rahul Shidhaye *et al.* (2019) resumiram os dados necessários para desenvolver a ferramenta para a melhoria da saúde mental. Os dados do ano de 2013 foram analisados para projetar várias fases da ferramenta. A pesquisa foi realizada no distrito de Sehore, em Madhya Pradesh. Os dados recolhidos por vários

testes são utilizados para criar uma enorme base de dados dos doentes ao longo de seis anos. Peris D *et al.* (2019) enumeraram os vários métodos de recolha de dados relativos ao risco elevado de doenças cardiovasculares na zona rural da Índia. O projeto é designado por SMART health India, que abrange dezoito PHC em zonas rurais. Os dados recolhidos são a avaliação do risco de DCV no agregado familiar, o apoio à decisão clínica e as informações de acompanhamento dos doentes.

Haas *et al.* (2011) resumiram vários aspetos da manutenção dos registos de saúde electrónicos. O sistema centralizado de gestão de registos de saúde é responsável pela agregação de dados. Esta estrutura irá melhorar a disponibilidade e a exaustividade. A manutenção dos RHs numa base de dados apresenta desafios como a segurança, a privacidade, a ocultação de dados e a acessibilidade aos utilizadores autorizados. Para cada requisito, pode ser utilizado um serviço de dados separado como ponte entre os utilizadores, como os doentes, os sistemas médicos, o armazenamento externo e os médicos.

2.3.1 Dados relativos aos cuidados de saúde em aspectos clínicos

De acordo com Amlan Majumder & Upadhyay (2004), os dados relativos aos cuidados de saúde reprodutiva na Índia são úteis para determinar os factores sociais e económicos do futuro. A utilização, a acessibilidade e a disponibilidade dos serviços, as caraterísticas da família, a estrutura social e a qualidade dos cuidados são a recolha de dados vitais no domínio dos cuidados de saúde reprodutiva. A manutenção de registos clínicos é útil para o diagnóstico comparativo. Virostko *et al.* (2016) investigaram a utilização da manutenção de registos médicos electrónicos para avaliar o tamanho do pâncreas em doentes diabéticos de tipo 1.

A avaliação foi efectuada em vinte e cinco doentes com os dados básicos como idade, sexo e peso correspondentes aos controlos. O volume do pâncreas é medido para definir a alteração do tamanho através de uma linha temporal. Estes registos são úteis para acompanhar as alterações no pâncreas durante a fase diabética T1 de um doente. Alex Roehrs *et al.* (2017) propuseram um método de manutenção de registos de cuidados de saúde em duas camadas. A primeira camada é um registo de saúde pessoal distribuído (PHR), que permite ao doente obter uma visão unificada das suas informações de saúde dispersas. A segunda camada são os registos centralizados que o prestador de serviços de saúde tem para obter os relatórios gerais. A partir das experiências, ficou evidente que tanto os pacientes como os prestadores de serviços de saúde podiam obter uma visão unificada dos dados com elasticidade e escalabilidade. Steele & Lo (2009) demonstraram uma estrutura para a manutenção de PHRs actuais e futuros. Este quadro foi concebido como um modelo de dados semi-estruturado que permite acrescentar informações adicionais no futuro. Este modelo será útil quando for necessário acrescentar um novo diagnóstico, um novo tratamento ou uma nova doença ao registo disponível.

2.3.2   Dados relativos aos cuidados de saúde em aspectos não clínicos

Abhijit *et al.* (2008) enumeraram os factores económicos que desempenham um papel importante no bem-estar dos enfermeiros nos cuidados de saúde públicos indianos. Shankar Prinja *et al.* (2014) e Shankar Prinja *et al.* (2016) analisaram vários dados económicos dos trabalhadores dos serviços de cuidados de saúde primários em três estados diferentes e em todo o norte da Índia. Este tipo de dados necessita de um método de registo de data e hora para referência futura. Em seguida, analisar o desempenho em relação ao custo do serviço prestado ao beneficiário.

2.4 TECNOLOGIAS DA INFORMAÇÃO E DA COMUNICAÇÃO (TIC) NOS CUIDADOS DE SAÚDE

Bondale *et al.* (2013) propuseram uma ferramenta TIC designada mHealth- PHC para ajudar os cuidados de saúde primários na Índia. A ferramenta é uma aplicação baseada no telemóvel que estabelece a comunicação entre o paciente e as pessoas da organização de saúde, como o médico, a parteira e outros. Esta ferramenta oferece apoio nas línguas regionais. Esta ferramenta está ligada a um servidor de aplicações e a um servidor de transcrição, através dos quais são transmitidos muitos dados. Entretanto, é uma ferramenta escalável que pode alargar o seu serviço a um maior número de clientes. Subhagata Chattopadhyay (2010) propõe um quadro para a saúde eletrónica nos centros de saúde primários indianos.

Samaneh *et al.* (2019) propuseram um quadro para integrar os grandes dados no sistema de saúde na Índia. O quadro utiliza a Internet das Coisas (IoT) com tecnologia de conetividade móvel 5G para recolher os dados sobre o doente e mantê-los num repositório central. A saúde móvel (mHealth) é o conceito-chave que proporciona uma conetividade ininterrupta entre os pacientes e os profissionais de saúde. O aumento da população gera uma grande quantidade de dados a todos os níveis que necessitam de uma infraestrutura de grandes volumes de dados para serem implementados.

Sandeep Sahay & Geoff Walsham (2006) resumiram os factores importantes envolvidos na extensão do Sistema de Informação (SI) para o campo dos cuidados de saúde na Índia. Os problemas sociotécnicos, a tecnologia heterogénea, as pessoas, os processos e os contextos institucionais são considerados como os factores de escala importantes. A extensão pode ser efectuada a diferentes níveis, nomeadamente a nível estatal, distrital e institucional. Os factores recomendados foram utilizados para fazer uma extensão na divisão de receitas de Madnapally, a fim de alargar o SI a 46 PHCs.

O grande desafio do sistema de cuidados de saúde inteligente é garantir a acessibilidade dos avanços técnicos às zonas rurais. Um dispositivo Point of Care (PoC) foi concebido por Mandal *et al.* (2011) para auxiliar o tratamento cardíaco nas zonas rurais. O POC foi concebido com uma unidade de processamento de sinal, que recolhe o sinal, o denoise, o segmento e a caraterização. Esta unidade utiliza uma unidade de processamento de sinal de multi-resolução com um misturador de sinal incorporado de potência ultra-baixa. Os resultados demonstram que o dispositivo pode ser utilizado para efeitos de rastreio em casos de doença cardíaca congénita.

2.5 REPOSITÓRIO DE ARMAZENAMENTO NA NUVEM DE SAÚDE (ARMAZENAR AS INFORMAÇÕES SOBRE SAÚDE NAS NUVENS DE SAÚDE)

Os dados do doente, como a pressão sanguínea, o ritmo cardíaco, o IMC, a eletrólise, a saturação de oxigénio e a temperatura, devem ser mantidos para uma boa manutenção dos registos médicos. Page *et al.* (2015) propuseram uma arquitetura de nuvem que associa os métodos de monitorização da saúde ao método analítico de forma a preservar a privacidade. O método baseia-se na encriptação totalmente homomórfica (FHE) para armazenar as amostras de RR na nuvem de forma encriptada, a fim de garantir a privacidade.

Um conjunto de biossensores é ligado a um corpo humano para monitorizar o estado fisiológico vital do doente na unidade de cuidados de emergência. De acordo com Duraisamy & Pugalendhi (2017), a informação fisiológica do doente é transmitida através dos canais sem fios, que são mais susceptíveis do que as redes com fios. Os algoritmos de chave pública são mais intensivos do ponto de vista computacional do que os algoritmos de chave simétrica.

Na rede de sensores médicos, Duraisamy & Pugalendhi (2017) concatenaram um algoritmo simétrico e um algoritmo de cifragem baseado em atributos para proteger a transmissão de dados e o sistema de controlo de acesso. Além disso, os algoritmos de chave simétrica não são adequados para o envio de mensagens curtas. O desempenho do algoritmo blowfish é bom, quando comparado com outros algoritmos. Por conseguinte, este método é utilizado para encriptar informações médicas.

Vega Pradana Rachim & Wan-Young Chung (2019) conceberam um bio-sensor NIR do tipo banda vestível para a monitorização da glucose no sangue. O sensor é um sensor ótico que pode efetuar uma aquisição rápida de dados e pode efetuar uma monitorização contínua da glicose no sangue (CGM) a longo prazo. A funcionalidade deste dispositivo concatena os componentes pulsáteis e contínuos da pulsação do volume de sangue arterial para registar a alteração da glucose no sangue no tecido do pulso. Está bem concebido para registar a concentração de glicemia durante todo o dia.

A arquitetura de um sistema médico inteligente (SMS) permite que a comunidade de cuidados de saúde disponha de soluções rápidas e eficientes. Kumari *et al.* (2020) propuseram uma estrutura segura de SMS baseada na nuvem, implementada através de uma rede de sensores sem fios (RSSF), que permite ao médico fornecer consultas em linha através de serviços baseados na nuvem. A privacidade é um fator importante para garantir um serviço seguro, que é implementado utilizando a criptografia de curva elíptica (ECC). A ferramenta suporta todo o SMS, fornecendo o serviço nas suas fases. As várias fases são o registo do doente, o carregamento dos dados do centro de saúde, o carregamento dos dados do doente, o tratamento, o check-up e a emergência. Foi desenvolvido um quadro seguro e eficiente baseado na nuvem (CSEF) para estabelecer uma comunicação segura entre o hospital e a nuvem utilizando ECC e uma função hash. O CSEF é capaz de lidar com ataques do tipo "man in the middle", "impersonation attack", "replay attack", "stolen verifier attack" e outros ataques semelhantes.

Um experimento para medir licopeno, β-caroteno e Sólidos Solúveis Totais (SST) foi feito usando a espetroscopia NIR (NIRS) em frutos de melancia de fluxo vermelho por Tamburini *et al.* (2017). Os modelos de calibração foram utilizados com regressão Partial Least Square (PLS). Os resultados mostram as caraterísticas dos frutos utilizados para valorização no mercado. Tummers *et al.* (2018) discutiram os vários avanços na imagem diagnóstica e intraoperatória para o cancro pancreático. A combinação de imagens moleculares e imagens específicas do tumor é usada para o diagnóstico. A rotulagem da imagem combinada é utilizada para identificar diferentes partes do tumor cancerígeno.

Um método de calibração multivariada é proposto por Cunha *et al.* (2020) para modelar a relação entre os dados NIR. A calibração em modelos de regressão como PLS e RF com SVM é utilizada para conceber a ferramenta. Uma mistura de cento e quarenta e nove foi retirada de diferentes fontes naturais como canola, milho, girassol e soja. O desempenho destes métodos é comparado em termos de RMSE e o modelo de regressão PLS tem um desempenho superior ao dos outros modelos.

A cadeia de blocos pode ser utilizada (Mark Hanley *et al.* 2018) para manter o armazenamento centralizado de dados para os cuidados de saúde. Isto permitirá um acesso rápido aos dados por parte dos médicos e de outros profissionais de saúde. Para cada registo médico, é atribuído um identificador pseudoanónimo na primeira camada da cadeia de blocos. Na segunda camada, é permitida a consulta de dados. Esta arquitetura pode gerar rapidamente um relatório sobre um paciente com os campos preferidos.

A escalabilidade dos registos clínicos e dos PHR tem de ser abordada pelos serviços que podem ser escalados em conformidade. Alyami *et al.* (2017) propuseram um novo sistema de gestão para manipular os registos de saúde escaláveis no armazenamento em nuvem. A abordagem de meta-dados é utilizada em vez de dados brutos para o armazenamento em nuvem. Isto conduzirá a um acesso fácil e a uma partilha rápida de dados com as partes interessadas em caso de emergência. As informações médicas essenciais, os medicamentos actuais e o historial de alergias são combinados com os respectivos metadados. Isto permite que os profissionais de saúde obtenham uma referência rápida de todos estes pormenores.

Yuan *et al.* (2016) propuseram um sistema de nuvem seguro para o processamento de imagens médicas utilizando a encriptação homomórfica RNS. Explora a caraterística de paralelismo inerente da nuvem e utiliza o sistema de números de resíduos para obter múltiplas partilhas de texto cifrado. A camada de encriptação garante a confidencialidade das imagens.

2.6   PARTILHA SEGURA DE EHR

Abhishek Kumar *et al.* (2020) referiram que a integridade dos dados nas aplicações de cuidados de saúde é um problema essencial a resolver para garantir a segurança dos dados. Os principais factores a considerar para a integridade dos cuidados de saúde são a violação da integridade, métodos de armazenamento de dados fracos e vulneráveis e falta de metodologias de segurança. A integridade dos dados dos cuidados de saúde é essencial a vários níveis, como o sistema completo de cuidados de saúde, a transferência de dados, a partilha de dados, a manutenção dos dados dos doentes e o armazenamento de dados. As tecnologias recomendadas para a realização destes níveis são a BSN segura, a autenticação, a cadeia de blocos, a extensão da autenticação mascarada, a nuvem segura, a partilha de segredos baseada na codificação Slepian-Wolf, a criptografia e o método baseado na árvore Merkle.

O Cloudlet é um domínio emergente que pode suportar os dados recolhidos por dispositivos de saúde portáteis. Chen *et al.* (2016) desenvolveram um método de proteção da privacidade para evitar intrusões. É proposto um modelo de confiança para garantir a segurança da transmissão de dados médicos. Dependendo da gravidade dos dados, estes são divididos em três partes e são atribuídos diferentes níveis de proteção. Do mesmo modo, Liu *et al.* (2014) desenvolveram um sistema de apoio à decisão centrado nos dados para a transferência de dados centrada no doente. É utilizado um classificador bayesiano para classificar os dados de risco sem fugas. O esquema de agregação de proxy homomórfico é utilizado como ferramenta criptográfica. Esta ferramenta garantirá a não fuga de dados privados dos doentes durante o diagnóstico. A ferramenta garante a máxima exatidão, preservando a privacidade.

Abdulatif *et al.* (2019) desenvolveram uma arquitetura de vigilância dos cuidados de saúde utilizando a segurança da borda das coisas. O FHE é utilizado para preservar a privacidade dos dados relativos aos cuidados de saúde. A agregação de dados grandes e heterogéneos é utilizada com a garantia de proteção da privacidade. Este quadro melhora o desempenho em termos de tempo de resposta e precisão com a privacidade dos dados.

O armazenamento em nuvem para registos de saúde electrónicos (EHRs) é proposto por H. Zhang (2018). A arquitetura utiliza uma partilha secreta com externalização da reconstrução verificável. A reconstrução dos dados é terceirizada pelo provedor de serviços para melhorar a eficiência do sistema com transmissão segura de dados. De acordo com Shahnaz *et al.* (2019), a cadeia de blocos é uma das novas tecnologias que podem ser adoptadas para os relatórios de EHR. A combinação da tecnologia da cadeia de blocos e do armazenamento seguro de EHR dá acesso completo aos dados. A arquitetura utiliza regras granulares para apoiar a escalabilidade e o armazenamento de registos fora da cadeia.

O multi-utilizador, a virtualização, os serviços clássicos de segurança e a escalabilidade são as caraterísticas importantes da computação em nuvem que são utilizadas por F. Zhao *et al.* (2014) para encontrar uma solução de segurança para a transferência segura de dados. Aswathi *et al.* (2019) desenvolveram uma criptografia totalmente homomórfica para a utilização eficiente, rápida e mínima de recursos. Este método garante serviços encriptados seguros através de serviços em nuvem. Um estudo de caso sobre a utilização da cadeia de blocos com agregação de dados é demonstrado por Ekblaw Arial *et al.* (2016). O estudo de caso analisa os quadros para utilizar as soluções de armazenamento de dados locais existentes. O MedRec é o estudo de caso que permite a transferência segura de dados através da cadeia de blocos para a manutenção do PHR. São efectuados vários testes de campo para analisar o desempenho dos recursos existentes. Lu-Chou Huang *et al.* (2009) resumiram os requisitos de preservação da privacidade e de segurança da informação para os EHR. A proteção da privacidade utiliza os factores de proteção dos identificadores e do sistema de controlo dos pacientes.

2.7 EHR ANALYTICS (PARA DIAGNÓSTICO DE DOENÇAS, ESTIMATIVA DO TAMANHO DO PÂNCREAS UTILIZANDO ESPECTROSCOPIA NIR)

Várias aplicações da espetroscopia NIR no diagnóstico e na terapia são resumidas por Kondepati *et al.* (2008). O diagnóstico de tumor mamário de rato, displasia cervical, xenoenxertos de glioma humano, cancro do colo do útero, tumores da mama, xenoenxertos de melanoma humano, tumores de fibro-sarcoma de ratinho, tumores da cabeça e do pescoço e mucosa brônquica cancerosa utilizando NIR é analisado com diferentes configurações de fibra, profundidade de penetração e separação entre fonte e detetor. O estudo sobre a aplicação do NIRS e a sua calibração em diferentes aplicações, como a indústria de cereais. Desde então, a ciência dos materiais, a alimentação, a farmácia, a agricultura, a arqueologia, o ambiente e a medicina foram objeto de um estudo realizado por Lidia EsteveAgelet & Charles R. Hurburgh, (2010). A pesquisa concentra-se mais nos processos operacionais críticos. A ressonância magnética de tensor de difusão é (Nissan 2014) uma das escolhas para a imagiologia do carcinoma adeno ductal pancreático (PDAC). Podem ser utilizados três coeficientes de difusão juntamente com o coeficiente de difusão aparente e a anisotropia fraccionada para a imagiologia.

Julien *et al.* (2017) analisaram os vários métodos aplicados à imagiologia da doença pancreática. As utilizações de técnicas de imagiologia como a RM, a ultrassonografia, a TC SPECT e a PET são discutidas com várias restrições. A espetrografia NIR tem muitas aplicações em aplicações médicas. As abordagens de aprendizagem automática são propostas por Habibullah *et al.* (2019) para monitorizar o nível de glicose no sangue. Esta abordagem tem duas metodologias, nomeadamente a combinação do algoritmo Random Forest (RF) e Support Vetor Machine (SVM). De seguida, é utilizada a combinação da Análise de Componentes Principais (PCA) e SVM. Estas abordagens são testadas com a monitorização não invasiva da glucose no sangue. Os resultados mostram que a segunda combinação tem um desempenho melhor do que a primeira em termos de precisão. Erikkson *et al.* (2013) propuseram um método melhorado para utilizar o NIR de forma a obter imagens de grandes partes dos tecidos pancreáticos. O melhoramento consiste na utilização da técnica OPT, altamente versátil, para aumentar o número de canais que podem abranger mais tipos de células. A combinação de imagens NIR-OPT pode ter um desempenho melhor do que outras modalidades de imagiologia médica como a RM, a TAC e a PET.

Uma análise da monitorização não invasiva de metabolitos com NIR foi efectuada por Heise (1996). Não existe dependência na determinação dos metabolitos com os factores principais e médios. É evidente que a padronização da medida é essencial. Isto pode fazer com que o NIR seja de fácil utilização, podendo os doentes utilizá-lo nas suas próprias instalações. Bitewulign *et al.* (2020) investigaram vários métodos de aprendizagem automática para a espetroscopia NIR. Os modelos investigados foram a Regressão por Mínimos

Quadrados Parciais (PLSR), a regressão SVM, a regressão RF, a Regressão por Árvores Extras (ETR), o Reforço de Gradiente Extremo (XgBoost) e a Rede Neuronal PCA híbrida (PCA-NN). Em geral, o PCA-NN apresentou o melhor desempenho com um coeficiente de correlação máximo superior a 0,99 e um coeficiente de determinação superior a 0,985.

Uma comparação de Partial Least Square (PLS) e Rede Neural Artificial (ANN) foi efectuada por Jintao *et al.* (2017) em NIR. O PLS concentra-se na gama de espetro, no pré-tratamento espetral e no número de factores para o modelo. A ANN trata da seleção dos métodos de pré-tratamento espetral, dos factores de topologia da rede, do tamanho da camada oculta e da época. Os métodos são comparados em termos de erro quadrático médio (EQM) de validação e coeficiente de correlação (R). Os resultados mostram que o PLS tem um melhor desempenho do que a ANN com um MSE mínimo e valores R mais elevados de 0,419 e 96,22%, respetivamente. A subtração da linha reta, a eliminação do desvio constante, a correção da dispersão multiplicativa, a normalização do vetor e a normalização min-max são alguns dos métodos de pré-tratamento tomados em consideração.

Hui chen *et al.* (2015) propuseram um método analítico para diferenciar tecidos colorrectais normais e malignos com a combinação de NIRS e métricas de quimioterapia. O método Successive Projection Algorithm-Linear Discriminant Analysis (SPA-LDA) foi utilizado para efetuar a classificação do espetro. Este método é comparado com o PCA para uma análise inicial. O desempenho é comparado com o PLS-DA e supera-o com uma precisão máxima.

Senthilkumar & Kavitha (2019) propuseram um método não invasivo para medir a glucose estimando a contração do pâncreas utilizando o NIR. Um detetor de fotos é usado para detetar a variação no espetro, assim o nível de glicose é estimado usando a intensidade do espetro NIR. Uma rede neural convolucional baseada na previsão multimodal do risco de doença (CNN-MDRP) é proposta por Chen *et al.* (2017). Este modelo é utilizado para prever doenças utilizando dados estruturados e não estruturados. Tem um método dedicado para modelar os dados incompletos. O método é comparado com outros métodos clássicos de previsão e apresenta uma taxa de sucesso de 94,8%.

L. de Melo Silva *et al.* (2014) propõem uma arquitetura para o armazenamento seguro e a partilha de RH. Trata-se de uma metodologia eficiente que torna o PHR e o HER disponíveis a pedido dos médicos, dos doentes e de outros profissionais de saúde. Este método aborda a fuga de dados de saúde sensíveis em ambientes de nuvem utilizando a encriptação baseada em atributos para a partilha segura de dados. E. Zekeriya *et al.* (2012) demonstraram a encriptação de dados privados com recomendações supervisionadas. Neste método, a cifragem homomórfica é utilizada para preservar os conceitos de privacidade.

Um sistema de informação de saúde portátil centrado no paciente é distribuído num cartão SD e numa base de dados em rede por Ma *et al.* (2010). As normas HL7 são adoptadas para simular o modelo. Os principais módulos funcionais são a gestão dos detalhes da gravidez, dos bebés e das informações gerais sobre as mulheres. O cartão SD dedicado permite a gestão das informações de saúde pessoais. As questões de segurança na computação em nuvem são homomórficas. Mahmood *et al.* (2018) desenvolveram um método de encriptação homomórfica híbrida. Contém encriptação GM juntamente com RSA. Este modelo híbrido ajuda muito a aumentar a velocidade de funcionamento e proporciona segurança contra ataques de confidencialidade.

Peter Pharow *et al.* (2005) demonstraram a importância da assinatura eletrónica para a disponibilidade de relatórios electrónicos durante um longo período de tempo. A combinação da assinatura eletrónica e do carimbo de data/hora é proposta para manter a privacidade dos registos durante um longo período. Uma renúncia periódica e um novo carimbo podem prolongar a vida dos registos para garantir a sua disponibilidade durante toda a vida do doente.

Vora *et al.* (2007) propuseram um quadro baseado numa cadeia de blocos para garantir a segurança dos registos. A segurança da transmissão de dados médicos entre doentes, prestadores de serviços e terceiros também é assegurada. O quadro utiliza as principais funções, como a adição de blocos, o registo de doentes, a autorização de início, a revogação da autorização e a alteração da autorização de acesso. Os participantes importantes no quadro são os componentes informáticos, como o gestor de bases de dados, o gestor de cifras e os contratos da cadeia de blocos, como o contrato de classificação, o contrato de consenso, os contratos de serviços e os contratos de proprietário, bem como os contratos de autorização, sendo cada participante autorizado a realizar as actividades no âmbito da sua acessibilidade para preservar a privacidade.

Pengfei Liang *et al.* (2019) propuseram uma Criptografia Baseada em Atributos (ABE) descentralizada para compartilhar com segurança o PHR. Esta estrutura usa o esquema de Lewko e Water com um protocolo de emissão de chave desconhecido. Um acordo de chave anónima unidirecional é usado para ocultar as informações em trânsito. Este método elimina o oráculo aleatório dos métodos de Lewko e Water. Com uma complexidade mínima, o método garante a segurança da transferência de dados em EHR.

Jianghua Liu *et al.* (2015) propuseram um esquema seguro de partilha de dados para PHRs em ambiente de nuvem. A criptografia de assinatura baseada em atributos de política de texto cifrado (CP-ABSC) é usada para fornecer segurança. A combinação de encriptação e assinatura eletrónica proporciona confidencialidade, autenticidade, aplicabilidade, anonimato e resistência à colisão. Para diferentes tipos de PHRs, é utilizada a cifragem e a correção dos dados é assegurada pela assinatura eletrónica.

Xuejiao Liu *et al.* (2016) propuseram um esquema de consulta seguro e eficiente para lidar com os PHRs na computação em nuvem. A Body Area Network (BAN) concentra-se na recolha de informações de saúde através de sensores e os dados são transferidos através da rede móvel para o armazenamento na nuvem. Neste ambiente, a segurança deve ser garantida enquanto os dados são recuperados da nuvem. A consulta ao armazenamento na nuvem deve ser encriptada e a transferência de dados deve ser rápida.

A pesquisa de dados PHR online é uma caraterística importante em aplicações de saúde inteligentes. Miao *et al.* (2016) desenvolveram a pesquisa de dados PHR com múltiplas palavras-chave sobre PHRs encriptados em ambiente multi-proprietário. No PHR, o proprietário de cada dado será a pessoa autorizada que o gerou ou que tem permissão para acessá-lo. Nesse caso, a recuperação de dados usando múltiplas palavras-chave é usada para garantir que os dados sejam obtidos mapeando todos os detalhes possíveis. Para tal, é necessária uma recuperação de dados segura que possa bloquear a exploração de dados acessíveis.

Sabah Mohammed *et al.* (2010) propuseram um sistema de interação na Web para aceder a PHRs na nuvem. Este sistema é aplicável à arquitetura empresarial orientada para os serviços (SOA). Um Health Cloud Exchange (HCX) foi concebido para criar uma interface entre os utilizadores em vários níveis da aplicação. É concebido um formato de registo separado para cada tipo de dados que é gerado quando o utilizador faz um pedido de recuperação.

Qiu *et al.* (2020) propuseram um sistema ciberfísico médico para garantir a segurança e a privacidade dos dados na transferência de dados PHR. O armazenamento seguro de dados é proposto para proporcionar uma partilha segura de dados com encriptação combinada com fragmentação e dispersão.

Trata-se de uma conceção centrada no utilizador que protege os dados para permitir o acesso em telefones inteligentes com cifragem de ponta a ponta. Este método pode proporcionar um melhor desempenho em dispositivos de baixa potência como os telemóveis inteligentes.

Sreenivasa Rao desenvolveu um método de partilha de PHR baseado no CP-ABSC para a computação em nuvem. Este método permite um acesso aos dados com uma granularidade fina. A vantagem deste método é a possibilidade de verificação, o controlo de acesso seguro, a confidencialidade, a autenticidade e a privacidade do assinante criptográfico. Este quadro pode suportar diferentes tamanhos de texto cifrado com menor computação.

Amit et al. (2018) descreveram que **a decomposição do modo empírico** (EMD) e os seus algoritmos variantes, como a decomposição do valor próprio (EVD) e a decomposição do modo variacional, são muito úteis para lidar com sinais não estacionários e não lineares da vida real. Os métodos baseados na EMD causam a perda de caraterísticas significativas ao removerem o ruído ou a variação da linha de base dos sinais.

A transformada de Hilbert-Huang (HHT) é também um método para a TFR do sinal. A HHT consiste na decomposição do sinal multicomponente utilizando a decomposição de modo empírico (EMD) e na avaliação dos parâmetros modais utilizando a transformada de Hilbert. Na HHT, a transformada de Hilbert é utilizada para obter a informação relativa à frequência e à amplitude, o que degrada o desempenho nos pontos finais do sinal. A VMD associada à transformada de Hilbert demonstrou um melhor desempenho na extração e classificação de caraterísticas tempo-frequência.

A distribuição de Wigner-Ville (WVD) proporciona uma resolução muito elevada no domínio tempo-frequência de um sinal. É uma distribuição tempo-frequência de tipo quadrático e, por isso, produz componentes inexistentes ou termos cruzados. Estas componentes falsas distorcem a TFR das componentes reais. Os componentes inexistentes não podem ser facilmente eliminados, o que degrada o desempenho da WVD.

A **distribuição de Choi-Williams (CWD)** é uma TFR baseada num núcleo exponencial que pode suprimir os termos cruzados até certo ponto, preservando as propriedades matemáticas. O método baseado na expansão da série de Fourier-Bessel pode suprimir componentes falsos para sinais modulados linearmente em frequência e requer a identificação de coeficientes que se correlacionam com os componentes.

Os métodos **de Transformada de Wavelet Empírica** são baseados em kernel e o seu desempenho depende dos parâmetros de kernel escolhidos, o que pode por vezes conduzir a resultados inferiores para vários tipos de sinais. Além disso, alguns destes métodos também dependem da seleção adequada das funções de base para decompor o sinal. Este facto torna estes métodos extremamente dependentes destas funções de base. Uma vez que não é fácil encontrar sempre funções de base adequadas que possam correlacionar-se com o sinal em causa, estes métodos colocam também um problema difícil.

A **expansão da série de Fourier-Bessel (FBSE)** funciona com êxito na remoção dos termos cruzados, mas apenas para os sinais LFM e outra desvantagem é a falta de adaptabilidade dos limites, que são definidos pelo utilizador, tornando-a assim menos eficiente.

Josefin *et al.* (2015) descreveram uma comparação de sete representações tempo-frequência diferentes, como o Espectograma (Sp), a Distribuição de Wigner-Villie (WV), a Distribuição de Choi-Williams (CW), o Espectograma Multitaper de Processo Localmente Estacionário (LMSp), a Distribuição Pseudo Wigner-Villie Suavizada Reatribuída (RSmWV) e a Multiplicação da

Transformada de Fourier de Tempo Curto (SpM). Os resultados sugerem que a RSmWV é robusta em ambientes ruidosos, mas requer a decisão de um valor limite para o processo de reatribuição. Por conseguinte, não é possível uma interpretação direta dos valores M e N do método RSmWV.

Yan et.al (2020) examinou o desempenho de cinco métodos de representação tempo-frequência (TFR), tais como a transformada de Fourier de curto prazo (STFT), a transformada wavelet (WT), a distribuição de Wigner-Ville (WVD), a transformada sincronizada (SST) e a transformada multi-sincronizada (MSST), realizando estimativas de estado em tempo real para sistemas de alta taxa. A capacidade de cada método para extrair a frequência fundamental do feixe é avaliada em termos de precisão, concentração de energia espetral, velocidade de computação e velocidade de convergência. Embora os métodos STFT e FT sejam promissores devido à sua elevada velocidade de cálculo, a precisão é baixa em determinadas circunstâncias. O método MSST é uma melhoria do SST que resulta numa concentração de energia mais nítida da TFR. Não requer qualquer outro parâmetro redundante ou informação a priori para desmodular os sinais modulados em frequência, pelo que pode ser aplicado para além dos sistemas fracamente variáveis no tempo.

2.8 LIMITAÇÕES DO SISTEMA ACTUAL

Os sistemas de saúde em linha na nuvem são implementados para facilitar o acesso rápido aos dados de saúde por parte de todas as entidades presentes no sistema de saúde. No entanto, o armazenamento dos dados sensíveis dos doentes em nuvens de terceiros, utilizando algoritmos de cifragem tradicionais como o AES, proporciona proteção dos dados, mas aumenta a dificuldade de acesso aos dados ou de partilha dos mesmos. Há dois desafios a ter em consideração: um é o armazenamento dos dados do doente na nuvem e o outro é a partilha dos dados do doente com outro utilizador de confiança.

A literatura mostra que os sistemas existentes exigem grandes requisitos de memória para armazenar os dados cifrados e também que o proprietário dos dados tem de efetuar muitas operações para os partilhar. É necessário escolher um algoritmo de cifragem forte que permita que os dados estejam seguros quando são armazenados, acedidos ou partilhados. Um desses esquemas é a cifragem homomórfica. No entanto, requer recursos especiais de hardware para implementar a HE e é lento para fins práticos. Os sistemas existentes utilizam principalmente o método de uma chave para o processo de cifragem, pelo que a partilha de dados é um processo difícil. Também não permite a realização de operações nos dados encriptados. Por isso, optamos por algoritmos de encriptação homomórfica parcial (PHE) para proteger os dados. Em particular, estamos a centrar-nos em muitas operações homomórficas aditivas e em poucas operações homomórficas multiplicativas.

A revisão da literatura relativa à análise de dados de saúde, à análise do pâncreas em relação a várias doenças e aos resultados mostra que as técnicas tradicionais de imagiologia estão a produzir dados menos precisos a partir de imagens desfocadas. Além disso, a análise de dados é difícil de efetuar inferências significativas. A espetroscopia NIR tem uma vasta gama de aplicações em vários domínios para extrair caraterísticas do solo, das culturas, etc. Também tem a sua utilização no domínio médico e o método invasivo está a ganhar popularidade. A literatura mostra claramente que existe uma forte relação entre a presença de células dos ilhéus no açúcar no sangue, a diabetes e o tamanho do pâncreas. Estamos a estimar o tamanho do pâncreas através da aquisição de sinais NIR, analisando-os com MSST e modelação de regressão multivariada.

2.9 OBJECTIVOS DA TESE

- Construir um repositório seguro de armazenamento em nuvem de saúde eletrónica para armazenar os registos de saúde electrónicos dos pacientes.

- Construir um esquema seguro de partilha de EHR entre as entidades de confiança da nuvem de e-Health.

- Diminuir os encargos do proprietário dos dados com procedimentos complexos para partilhar os dados.

- Utilizar os PSC para efetuar a reencriptação em nome do proprietário dos dados.

- Efetuar a análise de dados de saúde para obter inferências significativas para um melhor diagnóstico de doenças e cuidados aos doentes.

CAPÍTULO 3

ARQUITECTURA DO SISTEMA - SEC-EHRSAF

3.1   INTRODUÇÃO

O sistema de saúde na Índia é complexo e está organizado em camadas. Cada camada tem uma força de trabalho com empregados em diferentes níveis para prestar serviços ao público. A família é a unidade da sociedade. A vida saudável da família é considerada importante para o bom funcionamento da sociedade. Por outro lado, a família pode ser considerada como um dos factores que participam e contribuem para o processo de tratamento da saúde física e mental. Por conseguinte, a família também pode ser vista como uma unidade de doença. Os serviços de saúde centrados na família têm um maior impacto na resolução de problemas relacionados com a prestação de cuidados de saúde. O sistema de saúde indiano tem por objetivo aplicar esta abordagem centrada na família, organizando o sistema público de cuidados de saúde por níveis. O nível mais baixo serve as pessoas das aldeias da zona rural e o nível mais elevado serve as pessoas que vivem na zona urbana.

3.2   REPOSITÓRIO DE ARMAZENAGEM DA EHR

Os fornecedores de serviços Web utilizam os sistemas de armazenamento em nuvem, como o Google e a Amazon, que processam, armazenam e fazem cópias de segurança de forma centralizada numa enorme quantidade de dados. Os sistemas de armazenamento são utilizados para armazenar índices de motores de busca, dados de perfis de redes sociais e anexos de webmail. O sistema de armazenamento tradicional previne a informação contra a perda de dados, utilizando um sistema de hardware tolerante a falhas e um sistema de armazenamento em nuvem. Este sistema trata da replicação e recuperação de dados num grande número de servidores de base que falham frequentemente. A escala sem precedentes destes sistemas de armazenamento, aliada ao equilíbrio entre as falhas de hardware dos servidores de base, é um fator de risco. O armazenamento em nuvem é uma das partes da infraestrutura de armazenamento que oferece uma oportunidade para fazer face às exigências dos volumes de dados. Nas TI, as despesas com a segurança da informação e a proteção dos dados são cada vez maiores. Estes obstáculos são geridos pelas soluções de gestão do armazenamento que ajudam a lidar com grandes volumes de dados e suportam numerosas exigências. O armazenamento é referido como um serviço para uma empresa de pequena dimensão que não dispõe do orçamento de capital para implementar e manter a sua própria infraestrutura.

3.2.1 Tipos de armazenamento na nuvem

Existem várias soluções de armazenamento em nuvem disponíveis para escolher o tipo de armazenamento correto, o que tem um grande impacto no sucesso ou no fracasso da implementação do armazenamento em nuvem.

- **Sistema de armazenamento de objectos**: o sistema de armazenamento de objectos é utilizado para o trabalho computacional de E/S, libertando o anfitrião para o processamento de outros trabalhos. O armazenamento de objectos tem duas caraterísticas: objeto individual e metadados alargados. No sistema de armazenamento de objectos, os dados são armazenados e recuperados sob a forma de objectos individuais a que se acede através do tratamento global, que pode ser uma chave ou um código. Um objeto não pode ser colocado dentro de outro objeto nos metadados. Tanto os ficheiros como os objectos têm metadados associados aos dados que contêm, mas os objectos são caracterizados pelos seus metadados alargados.

- **Sistema de armazenamento de bases de dados relacionais**: O sistema de armazenamento de bases de dados relacionais resolve o problema do fornecimento, escalonamento, configuração, cópia de segurança e controlo de acesso com custos mínimos para os utilizadores. Com base nisto, o custo do hardware e o custo da energia adquiridos pelos utilizadores são mínimos porque o RDS partilha o serviço e executa o serviço como se fosse ele próprio.

- **Sistema de armazenamento de ficheiros distribuído**: O sistema de ficheiros permite aceder aos ficheiros a partir de vários anfitriões através da rede informática. Para partilhar os ficheiros e os recursos, vários utilizadores utilizam várias máquinas. Os nós clientes não estão autorizados a bloquear o armazenamento, mas permitem a interação com os outros nós da rede. O sistema de ficheiros tem acesso restrito tanto aos servidores como aos clientes, com base na conceção do protocolo.

- **Arquitetura de armazenamento em nuvem**: A arquitetura de armazenamento em nuvem descreve a entrega de armazenamento de forma multilocatária e escalável a pedido. A arquitetura de armazenamento em nuvem tem um front end que carrega uma interface de programa de aplicação (API) para aceder ao armazenamento.

- **Armazenamento ILM automatizado**: A gestão do ciclo de vida da informação (ILM) é um dos pilares de uma campanha de marketing eficaz levada a cabo pelos fornecedores para vender vários pneus de armazenamento. A ILM é implementada no mercado de massas da nuvem, onde é utilizado o suporte giratório. Com esta implementação do ILM, os erros de dados do nível inferior são detectados na maior parte do armazenamento em nuvem. O custo e a complexidade da implementação de uma estratégia ILM são incompatíveis com a economia da nuvem.

- **Método de acesso ao armazenamento**: O espaço de armazenamento criado é acedido através de três categorias principais, tais como SCSI baseado em blocos, switch financeiro nacional baseado em ficheiros e serviços Web. O acesso baseado em blocos e ficheiros é utilizado na aplicação e na conceção da empresa, o que permite o controlo do desempenho, a disponibilidade e a segurança. Na maior parte do mercado, a nuvem utiliza interfaces de serviços Web, como SOAP e estado representacional, para aceder aos dados. O serviço Web é o método mais flexível com base nas implicações em termos de desempenho.

- **Proteção de dados primários**: O processamento em linha é suportado pelos dados primários e é protegido por uma única tecnologia ou pela combinação de várias tecnologias. A descoberta de métodos de proteção como o RAID, a replicação, a proteção contínua de dados (CDP) e a análise do impacto nas empresas (BIA) depende do seu custo e complexidade.

- **Agilidade de armazenamento:** O armazenamento necessário para a análise comercial baseia-se na agilidade de armazenamento. A agilidade do armazenamento depende da capacidade do sistema operativo (SO) utilizado pelo método de acesso para ver as alterações no armazenamento. O sistema operativo gerido é mantido pelo fornecedor de serviços em nuvem que gere o espaço na unidade e o gestor do volume do disco.

A arquitetura da rede é representada para o armazenamento de dados na nuvem com base em três entidades de rede diferentes.

- **Utilizador**: O utilizador que detém os dados a armazenar e que confia na nuvem para a computação de dados é constituído por consumidores individuais e organizações.

- **Fornecedor de serviços em nuvem (CSP):** O CSP dispõe de recursos eficientes para construir e gerir servidores de armazenamento em nuvem distribuídos que operam o sistema de computação em nuvem em direto.

- **Auditor externo (TPA)**: O TPA tem a capacidade de avaliar e expor o risco nos serviços de armazenamento em nuvem com base no pedido do utilizador.

- **Camadas na arquitetura de armazenamento em nuvem**: Na camada de armazenamento de dados, diferentes tipos de dados são apresentados no sistema de armazenamento em nuvem com vários serviços de armazenamento. Os diferentes tipos de dispositivos de armazenamento estão ligados à camada de armazenamento de dados da nuvem para manter uma grande quantidade de dados e armazená-los na nuvem com base nos serviços de armazenamento distribuídos. Na camada de gestão de dados, as funções de gestão unificada, como a estratégia.

A gestão e a gestão da segurança são fornecidas para as camadas superiores. A camada de interface de aplicação contém várias interfaces que prestam serviços ao utilizador de acordo com os requisitos do utilizador. O utilizador pode carregar e recuperar os dados do armazenamento em nuvem através da interface de serviço da nuvem. Através da camada de acesso do utilizador, o utilizador autenticado pode entrar na plataforma de armazenamento em nuvem e aceder aos dados em qualquer lugar através da rede que liga o dispositivo. Os utilizadores da nuvem incluem os utilizadores de armazenamento de dados pessoais e os fornecedores de integração de serviços.

A fiabilidade do armazenamento de dados na nuvem é concebida com o mecanismo eficaz de verificação dos dados dinâmicos e da operação, a fim de garantir a segurança para obter leveza, correção do armazenamento, fiabilidade, suporte de dados dinâmicos e localização rápida de erros. A correção do armazenamento garante aos utilizadores o armazenamento dos dados na nuvem e permite-lhes aceder à nuvem a partir de qualquer lugar e a qualquer momento. Para localizar o servidor avariado de forma eficiente, a localização do erro de dados detecta a corrupção de dados que ocorre na rede. Para manter a correção do armazenamento, o suporte dinâmico dos dados permite que o utilizador modifique e apague os seus ficheiros na nuvem. A disponibilidade dos dados é melhorada através da oposição a falhas, modificações e ataques de conluio na rede, o que minimiza as falhas do servidor. A leveza é utilizada para permitir que os utilizadores mantenham a correção do armazenamento, que é verificada com o mínimo de sobrecarga.

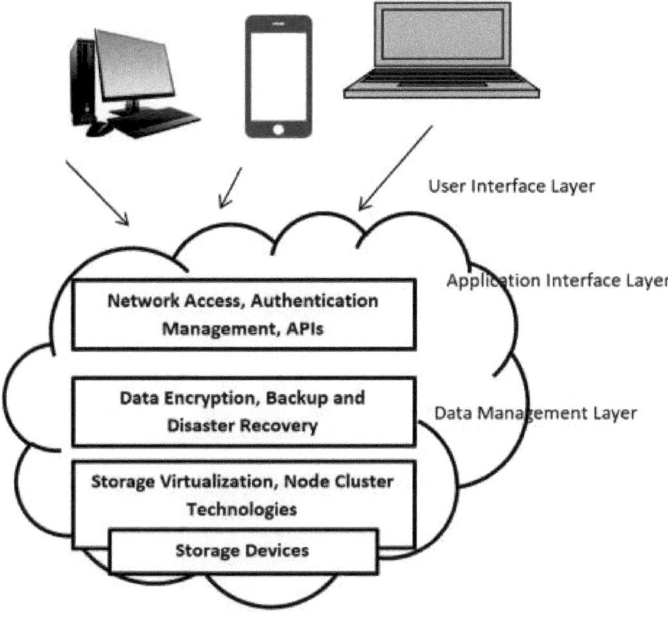

Figura 3.1 Arquitetura do armazenamento em nuvem

3.3   ENCRIPTAÇÃO HOMOMÓRFICA

A encriptação homomórfica (HE) (4) é o esquema que permite efetuar cálculos complexos em dados encriptados sem comprometer a encriptação. Em matemática, a HE descreve a transformação de um conjunto de dados noutro, preservando a relação entre os elementos de ambos os conjuntos. O termo deriva das palavras gregas para "mesma estrutura". Assim, os registos contidos no sistema de cifragem homomórfica mantêm o mesmo esquema e os cálculos lógicos são efectuados nos registos codificados ou descodificados.

A cifragem homomórfica desempenha um papel importante na computação em nuvem, permitindo aos utilizadores armazenar dados cifrados em nuvens públicas e efetuar cálculos na nuvem por CSP sem receio de perder a privacidade ou a segurança. O conceito da descoberta de Gentry introduziu a computação em cálculos convolutos a efetuar em dados cifrados sem nunca ter de os decifrar ou concordar com a cifragem. Esta técnica requer grandes quantidades de poder computacional (até um trilião de vezes mais do que o que é atualmente utilizado). Os dados confidenciais têm de ser analisados sem receio de serem comprometidos. Isso poderia fazer com que as empresas e agências que atualmente se recusam a deixar sair esses dados dos seus servidores se sintam mais à vontade para externalizar trabalhos de elevado valor.

O homomorfismo não é uma palavra nova no domínio da criptografia. Em 1978, Rivest, Adleman e Dertouzos publicaram um artigo que discutia a forma como as propriedades homomórficas podem ser utilizadas para proteger dados e permitir que partes não confiáveis trabalhem com os dados. Mais tarde, em 1982, Rivest, Shamir e Adleman fundaram a RSA Data Security.

Em matemática, os homomorfismos são mapas entre dois objectos algébricos (como dois anéis ou dois grupos). Isto significa que o homomorfismo entre dois objectos algébricos A e B é uma função $f: A \rightarrow B$ que preserva a estrutura algébrica em A e B. Se as operações em A e B forem ambas de adição, então a condição de homomorfismo é $f(a+b) = f(a) + f(b)$. Se A e B são ambos anéis, com adição e multiplicação, existe também uma condição multiplicativa: $f(ab) = f(a)f(b)$.

Para compreender melhor o HE, suponhamos que a encriptação é aplicada multiplicando o texto simples por 2 e que a operação de desencriptação é a operação inversa, dividindo o texto cifrado por 2. Funciona da seguinte forma: $y = \text{Enc}(x) = 2x$, $x = \text{Dec}(y) = y/2$, em que x e y são o texto simples e o texto cifrado, respetivamente. As operações aritméticas podem ser aplicadas diretamente sobre os textos cifrados e o resultado obtido pode ser desencriptado para obter o resultado real.

Os diferentes tipos de esquemas de HE disponíveis são os seguintes: Encriptação totalmente homomórfica (FHE), Encriptação parcialmente homomórfica (PHE) e Encriptação algo homomórfica (SHE). Diz-se que um criptossistema é parcialmente homomórfico se demonstrar homomorfismo aditivo ou multiplicativo, mas não ambos. Alguns exemplos de sistemas de encriptação parcialmente homomórficos são O criptossistema RSA (apresenta homomorfismo multiplicativo), o criptossistema ElGamal (apresenta homomorfismo multiplicativo e de exponenciação) e o criptossistema de Paillier (apresenta homomorfismo aditivo).

Um sistema criptográfico que promove cálculos aleatórios em textos cifrados é considerado uma cifragem totalmente homomórfica e é conhecido por ser muito mais forte. Este esquema permite criar programas para determinadas funções que podem ser executadas em entradas encriptadas para gerar o resultado em forma encriptada. O sistema de cifragem homomórfica não precisa de decifrar os seus dados. Pode ser executado por uma pessoa de confiança sem revelar os seus dados e o seu estado interno. Os sistemas de cifragem totalmente homomórficos têm grandes implicações práticas na externalização de cálculos privados, por exemplo, no contexto da computação em nuvem.

Gentry utilizou a criptografia baseada em treliça para demonstrar o primeiro esquema FHE anunciado pela IBM em 25 de junho de 2009. Começou com a construção de um esquema algo homomórfico em que limita o número de operações que podem ser efectuadas no texto cifrado, o que é referido como circuitos de avaliação. De seguida, introduziu o bootstrapping, em que o sistema pode avaliar o seu próprio circuito de algoritmo de desencriptação. Finalmente, provou que qualquer SHE bootstrappable pode ser convertido numa encriptação totalmente homomórfica, esmagando os circuitos de desencriptação e através da auto-incorporação recursiva.

A Tabela 3.1 mostra vários esquemas homomórficos disponíveis. Halevi categorizou as construções FHE em três gerações. A primeira geração de construções FHE sofria de um problema de aumento rápido do ruído.

Quadro 3.1 Lista de algoritmos de HE

Tipo de encriptação	Regimes disponíveis
Encriptação homomórfica parcial	1. RSA não almofadado 2. Elgamal 3. Paillier 4. Benaloh 5. Goldwasser-micali. 6. Naccache e Stern 7. Okamato e Uchiyama 8. Damgard e Jurik
Encriptação totalmente homomórfica	1. sistema de criptografia de Gentry 2. esquema homomórfico DGHV 3. esquema homomórfico BGV 4. esquema homomórfico FV 5. esquema homomórfico YASHE

As construções FHE de segunda geração permitem controlar melhor o crescimento do ruído. Estas técnicas baseiam-se na limitação do número de operações que resultam em esquemas "nivelados" de homomorfismo parcial. Estes podem ser convertidos em esquemas FHE através de bootstrapping. Os esquemas FHE de terceira geração tinham multiplicação assimétrica, no sentido em que a multiplicação homomórfica $c1 \otimes c2$ resultava num texto cifrado diferente em comparação com $c2 \otimes c1$ (ambos encriptam o mesmo produto b1-b2). O fator importante é que o crescimento do ruído é também assimétrico: o ruído no multiplicando da esquerda tem maior influência no resultado do que o ruído no multiplicando da direita.

## 3.4	REENCRIPTAÇÃO DE PROXY

Estão disponíveis diferentes tipos de reencriptação proxy que servem uma variedade de aplicações com propriedades diferentes. A reencriptação proxy unidirecional permite ao utilizador X autenticar o utilizador Y, mas o utilizador X não pode desencriptar os textos cifrados de Y. A reencriptação proxy não interactiva permite que X gere uma chave para Y sem que Y participe no processo. A reencriptação proxy multiusos permite que um único texto cifrado seja encriptado várias vezes para ser acedido por vários utilizadores. A reencriptação proxy não transitiva permite delegações múltiplas de uma forma mais rigorosa. Tentamos utilizar a reencriptação proxy não interactiva para efetuar a partilha de dados de saúde entre entidades.

## 3.5	SEC-EHRSAF - DIAGRAMA DE ARQUITECTURA

O sector dos cuidados de saúde está a passar por uma mudança de paradigma no sentido de adaptar as tecnologias para prestar serviços relacionados com os cuidados de saúde aos doentes. Isto realça a necessidade de partilhar os dados de saúde sensíveis entre as partes interessadas do ecossistema de cuidados de saúde, tais como médicos, técnicos de laboratório, companhias de seguros, investigadores médicos e outros profissionais de saúde. O sistema público de saúde indiano sofre de uma força de trabalho deficiente e não dispõe de uma solução tecnológica adequada para diminuir a carga de trabalho dos médicos. Este facto levou ao desenvolvimento do nosso sistema SEC-EHRSAF para resolver os problemas de tratamento dos dados de saúde.

Um quadro de partilha e análise de registos de saúde electrónicos seguros foi concebido para facilitar o armazenamento e a partilha de dados de saúde de forma segura através de fornecedores de serviços em nuvem terceiros e resistir aos riscos de privacidade e acesso não autorizado. A análise de dados de saúde também pode ser efectuada utilizando o SEC-EHRSAF para obter inferências significativas a partir dos dados de saúde armazenados na nuvem. O SEC-EHRSAF funciona em três modos: 1) Modo de armazenamento 2) Modo de partilha e 3) Modo de análise.

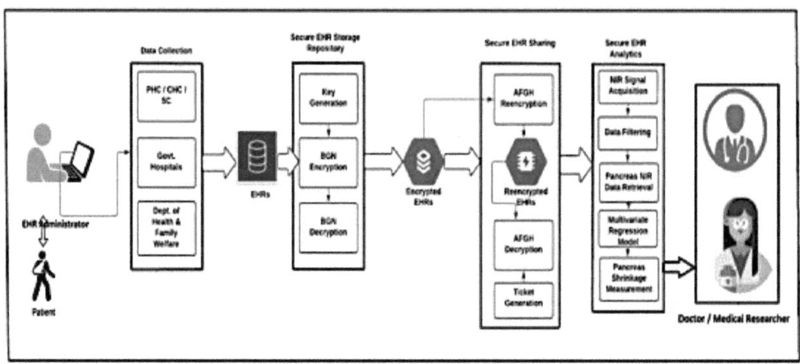

Figura 3.2 Arquitetura do SEC-EHRSAF

O SEC-EHRSAF é um quadro seguro que armazena apenas dados de saúde encriptados na nuvem, o que o protege contra ataques passivos. Para além deste armazenamento seguro de dados de saúde, também permite a execução de consultas agregadas nos dados encriptados. O SEC-EHRSAF consegue este processamento de consultas como soma, média, contagem, máximo, mínimo, etc., nos dados encriptados com a ajuda da Encriptação Homomórfica Parcial (PHE).

3.5.1 Modos de SEC-EHRSAF

Modo de armazenamento:

Trata-se da primeira fase do SEC-EHRSAF. O modo de armazenamento do SEC-EHRSAF permite aos utilizadores armazenar na nuvem os dados de saúde encriptados ou os CSE. Os dados recolhidos nos PHC ou noutros centros de saúde são introduzidos pelo administrador do EHR ou pelos médicos. Os dados podem ser recolhidos através de algumas aplicações diretamente junto dos pacientes. Esses dados de saúde gerados ou registos de saúde electrónicos são encriptados antes de poderem ser transferidos para a nuvem. O SEC-EHRSAF utiliza o criptosistema BGN - um esquema PHE para armazenar os dados de saúde ou registos de saúde electrónicos na nuvem.

Modo de partilha:

O modo de partilha do SEC-EHRSAF constitui a segunda fase do sistema. Permite que os utilizadores partilhem os dados de saúde armazenados ou os registos de saúde electrónicos com outros utilizadores autorizados no ecossistema da nuvem de saúde. É implementado um sistema de partilha eficiente e seguro utilizando o algoritmo AFGH. Este modo oferece duas vantagens. Por um lado, o processo de partilha torna-se mais seguro e, por outro, elimina-se a sobrecarga desnecessária do proprietário dos dados. A partilha é garantidamente segura porque os dados de saúde estão encriptados na nuvem. Permanecem encriptados mesmo em trânsito, ou seja, não são desencriptados pela nuvem no processo de partilha e permanecem encriptados. O proprietário dos dados fica dispensado de realizar o longo processo de partilha dos dados. Em vez disso, o proprietário dos dados tem apenas de identificar o utilizador de confiança a quem os dados devem ser partilhados. Em seguida, o fornecedor de serviços de computação em nuvem (CSP), em nome do proprietário dos dados, procede à reencriptação dos registos médicos electrónicos ou dos dados de saúde encriptados. Segue-se o processo de desencriptação do utilizador de confiança a quem a partilha é feita. Ambos os algoritmos, o criptossistema BGN para o armazenamento de dados de saúde e o algoritmo AFGH para a partilha de dados de saúde, baseiam-se no problema de decisão de subgrupo. Ambos apresentam propriedades homomórficas aditivas. Por conseguinte, a reencriptação é possível.

Modo analítico:

A terceira fase do SEC-EHRSAF é o modo analítico, em que o utilizador é autorizado a efetuar análises dos dados de saúde armazenados na nuvem. Nesta fase, o SEC-EHRSAF permite aos utilizadores estimar o tamanho do pâncreas ou estimar a contração do pâncreas utilizando a espetroscopia de infravermelhos próximos (NIR) e a transformada de compressão multi-sincrónica (MSST). O sinal NIR é adquirido colocando o dispositivo sobre a região epigástrica do doente. O sinal NIR da região do pâncreas é adquirido em várias condições, tais como estômago vazio, fome, pré-prandial, pós-prandial, etc., sendo também consideradas diferentes condições de ingestão de alimentos para a obtenção do sinal NIR. O sinal adquirido é processado utilizando o MSST para extrair as caraterísticas do sinal, a fim de detetar a presença de determinadas células. Em seguida, as caraterísticas são integradas num modelo de regressão multivariada para estimar a contração do pâncreas.

3.5.2   Novidade do SEC-EHRSAF

- Foi concebida uma nova aplicação prática para armazenar e partilhar dados de saúde para o sistema de cuidados de saúde público indiano utilizando algoritmos PHE juntamente com a delegação e revogação de chaves. Os actuais sistemas de saúde públicos indianos partilham dados através de FAX, correio eletrónico e Internet.

- Os sistemas de criptografia BGN não são práticos devido ao seu compromisso entre alta segurança e alta expansão do texto cifrado. A nova implementação prática é possível graças à utilização combinacional optimizada do algoritmo Chinese Remainder Theorem (CRT) e do algoritmo Baby Step Giant Step (BSGS). Os trabalhos existentes, como CryptDB, Talos, Kryptien, ALQP e SHAMAC, permitem o processamento de consultas, asseguram a confidencialidade, a autenticação e a integridade, mas não permitem a partilha de dados. O Pilatus permite a partilha de dados, o processamento de consultas, garante a confidencialidade e a integridade dos dados, mas sofre de sobrecarga de computação.

- A reencriptação de proxy é utilizada numa nova perspetiva, o algoritmo AFGH é utilizado pelo fornecedor de serviços em nuvem para partilhar os EHR em nome do proprietário dos dados.

- Para a análise de dados de saúde, o tamanho do pâncreas é estimado com uma nova aplicação da técnica não invasiva do espetrómetro NIR. É explorado um novo método não invasivo para detetar a glicose no sangue utilizando o espetrómetro NIR. Os sistemas existentes têm muitos sistemas implementados para estimar a glucose no sangue.

3.5.3   Complexidade computacional

Os esquemas de encriptação BGN operam em dois grupos de curvas elípticas G1 e G2, com a ordem de N. É executado em tempo polinomial $O(n^k)$. O sistema de encriptação BGN baseia-se num problema de decisão de subgrupo. Para simplificar, vamos considerar que o custo de elevar ao quadrado um elemento do grupo é igual ao custo de multiplicar dois elementos do grupo usando o módulo inteiro de k bits. O mapeamento bilinear corresponde a 6 exponenciações no grupo G e podemos assumir que uma dessas exponenciações é igual a 8 exponenciações modulares. Em Paillier, a multiplicação módulo n^s é s^2 vezes mais dispendiosa do que o módulo n. Isto é obviamente mais dispendioso do que a encriptação BGN porque a BGN requer apenas 8N exponenciações.

Desencriptação:

As mensagens estão sempre limitadas a T, o que permite a sua decifração em tempo $O(\sqrt{T})$ através da resolução de logaritmos discretos de raiz quadrada. A resolução do problema dos logaritmos discretos é um problema grave e moroso. Na encriptação BGN multiutilizador para a adição, temos de resolver um único logaritmo discreto para a soma final do texto cifrado, ao passo que, na multiplicação, temos de construir um mapa bilinear resolvendo logaritmos discretos para textos cifrados individuais e depois logaritmos discretos para o resultado final do texto cifrado. Utilizámos o algoritmo BSGS para acelerar a operação de desencriptação. Consideramos um tamanho de mensagem constante de 16-bit a 64-bit e o campo primo é criado com um tamanho de campo primo de 66-bit a 88-bit. Para o produto de dois textos cifrados, resolvemos o log discreto no intervalo de 63 bits a 76 bits com tempo necessário em poucos segundos.

Algoritmos de otimização para aumento de velocidade:
O Baby Step Giant Step (BSGS) personalizado acelera o problema da resolução do logaritmo discreto para pontos elípticos, reduzindo o tempo necessário para a multiplicação de dois valores encriptados na encriptação BGN. A expansão do texto cifrado é de O(n) bits de texto cifrado para O(log n) bits de texto simples. O algoritmo do lembrete chinês é utilizado para decompor números inteiros grandes em congruências, a complexidade temporal é $O(\sqrt{T})$.
A decomposição dos componentes de frequência no sinal NIR utilizando o MSST e o modelo de regressão multivariada para estimar o tamanho do pâncreas também funciona em tempo polinomial.

3.6   RESUMO

O SEC-EHRSAF pode funcionar em três modos, nomeadamente i) Modo de armazenamento ii) Modo de partilha e iii) Modo de análise.

- O modo de armazenamento facilita a necessidade de qualquer sistema de saúde, o armazenamento de registos de saúde electrónicos ou de dados de saúde na plataforma de nuvem de forma mais segura.

- O modo de partilha permite que várias entidades do ecossistema partilhem os dados de saúde entre si de forma segura. O SEC-EHRSAF também dispensa o proprietário dos dados de realizar a operação de partilha; em vez disso, é o próprio fornecedor de serviços de computação em nuvem que realiza a operação de partilha, mas de uma forma vendada, garantindo a confidencialidade e a integridade dos dados de saúde.

- No modo analítico do SEC-EHRSAF, os dados relativos à saúde são analisados para obter inferências significativas a partir dos dados relativos à saúde. Neste caso, o sinal NIR do pâncreas é analisado utilizando o MSST e o modelo de regressão multivariada, a fim de estimar o tamanho do pâncreas, o que leva ao diagnóstico da diabetes.

- Os dados de duas aplicações móveis são utilizados para avaliar o modo de armazenamento e o modo de partilha. Os dados das aplicações móveis Fitbit e Kanya são utilizados para fins experimentais. Para o modo de análise, são adquiridos sinais de 20 pessoas diabéticas e 20 não diabéticas.

- A novidade do SEC-EHRSAF é o facto de os dados de saúde armazenados na nuvem serem seguros mesmo em trânsito. A combinação de dois algoritmos utilizados no SEC-EHRSAF é ela própria inovadora, pelo que satisfazemos os requisitos da tríade CIA de qualquer aplicação segura. Os algoritmos utilizados são: 1) sistemas criptográficos BGN no modo de armazenamento e 2) algoritmo AFGH no modo de partilha.

CAPÍTULO 4

REPOSITÓRIO DE ARMAZENAMENTO EHR UTILIZANDO CRIPTOSSISTEMAS BGN

4.1   INTRODUÇÃO

Foi analisada a necessidade de armazenamento de dados na nuvem e as questões relacionadas com a segurança dos dados armazenados numa nuvem de terceiros. As soluções gerais adoptadas atualmente pelas indústrias incorporam a encriptação do lado do servidor, a encriptação do lado do cliente ou a utilização de ambas, juntamente com políticas de autenticação e autorização adequadas para garantir um acesso restrito aos dados transferidos para a nuvem. Apesar de todas estas medidas, no passado ocorreram quebras de segurança aproveitando lacunas nas estruturas. Por conseguinte, são constantemente solicitadas novas estratégias de segurança na nuvem. No âmbito deste trabalho, foi criada uma estrutura - SEC-EHRSAF - para o armazenamento seguro de dados na nuvem, que é descrita em seguida.

4.2   O ECOSSISTEMA - SISTEMA PÚBLICO DE SAÚDE NA ÍNDIA

Entre os serviços públicos de saúde prestados na Índia, os primeiros e mais importantes são os centros de saúde primários (PHC) e os centros de saúde comunitários (CHC). A Declaração de Alma-Ata é a iniciativa do Governo da Índia para melhorar os serviços prestados pelos Centros de Saúde Primários (PHC). Aqui analisámos o padrão de trabalho dos CSP, onde os profissionais de saúde e os assistentes de saúde trabalham no terreno para recolher dados médicos da população e se concentram especialmente em programas como a imunização infantil, programas anti-epidémicos, controlo da natalidade, cuidados parentais, cuidados médicos de emergência, para além do tratamento médico regular. Todos os dados recolhidos dos doentes são simplesmente guardados em livros de registo ou em computadores autónomos.

A nossa ideia é regularizar, formatar, recolher e ligar os dados recolhidos em todos os Centros de Saúde Primários (PHC) através de uma nuvem de saúde segura e que preserve a privacidade. Esta nuvem de saúde segura dá acesso autorizado aos médicos e investigadores dos Hospitais do Governo (GHs). Dando um passo em frente, os GHs podem analisar os EHRs para fazer inferências e previsões significativas. Estes resultados podem ser utilizados pelo Departamento de Saúde e Bem-Estar Familiar (DoHFW) para uma tomada de decisões precisa.

4.2.1   Cenário de recolha de dados

A forma de atingir o nosso objetivo de construir uma nuvem de saúde segura e que preserve a privacidade é a seguinte: os profissionais de saúde primários e os assistentes de saúde (supervisores imediatos) recebem uma aplicação móvel através da qual recolhem dados dos pacientes. Os dados são recolhidos dos pacientes durante: i) censos periódicos; ii) visitas a centros de saúde primários (visitas invulgares); iii) visitas periódicas (por exemplo, imunização infantil, cuidados parentais, etc.); iv) vacinação em campos médicos da poliomielite ou outros campos médicos. A cada profissional de saúde/assistente de saúde são fornecidas chaves de encriptação após um processo de autorização e validação pelo servidor de chaves. Os dados recolhidos são encriptados e transferidos para a nuvem de saúde.

Os médicos e investigadores dos hospitais públicos também possuem as chaves de acesso à nuvem de saúde. Além disso, podem efetuar análises preditivas com os dados armazenados na nuvem de saúde. Os resultados da análise são enviados para o Departamento de Saúde e Bem-Estar Familiar (DoHFW) para acções e decisões posteriores. Os cenários seguintes explicam melhor a utilização desta nuvem segura para a saúde. Se um doente do PHC for para o hospital público para receber tratamento adicional, o médico pode recuperar rapidamente os registos médicos electrónicos do doente para analisar o seu historial. Por exemplo, se um profissional de saúde registar o vírus da dengue numa determinada área, os resultados da análise preditiva podem levar o Ministério da Saúde e do Bem-Estar Familiar a tomar decisões rápidas, como encomendar os medicamentos necessários às empresas farmacêuticas, sensibilizar as pessoas e limpar os esgotos estagnados na área afetada pela corporação municipal. A figura 4.1 mostra um exemplo de modelo de nuvem de saúde eletrónica segura.

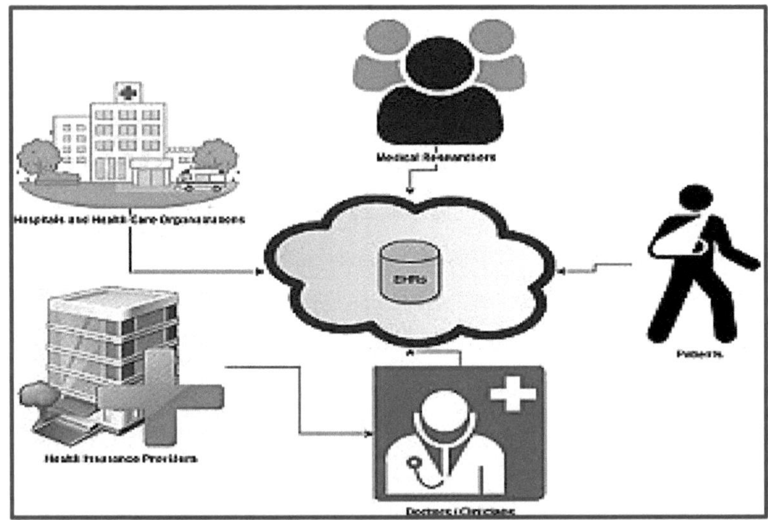

Figura 4.1 Modelo de nuvem de saúde eletrónica segura

Em resumo:

> A encriptação dos registos de saúde electrónicos utiliza o sistema de encriptação Boneh, Goh e Nissim (BGN) e armazena os dados na nuvem - armazenamento seguro dos dados;

Desencriptação de registos de dados electrónicos pelos proprietários dos dados utilizando a desencriptação BGN para a recuperação dos dados.

O quadro SEC-EHRSAF centra-se principalmente no armazenamento dos registos de saúde electrónicos dos doentes, que são sensíveis por natureza, e na forma de partilhar os registos de saúde electrónicos de forma segura entre várias entidades do sistema, o que é explicado no capítulo 5. A combinação de algoritmos de cifragem homomórfica e de re-cifragem é utilizada para armazenar e partilhar de forma segura os registos de saúde electrónicos na nuvem. A figura 4.2 mostra a arquitetura geral do sistema. As entidades que compõem o sistema são as seguintes (1) Autoridade-chave (KA); (2) Prestador de serviços em nuvem (CSP); (3) Centros de saúde primários/Centros de saúde comunitários/Centros de saúde secundários (PHCs/CHCs/SHCs); (4) Hospitais públicos (GHs); e (5) Departamento de saúde e bem-estar familiar (DoHFW).

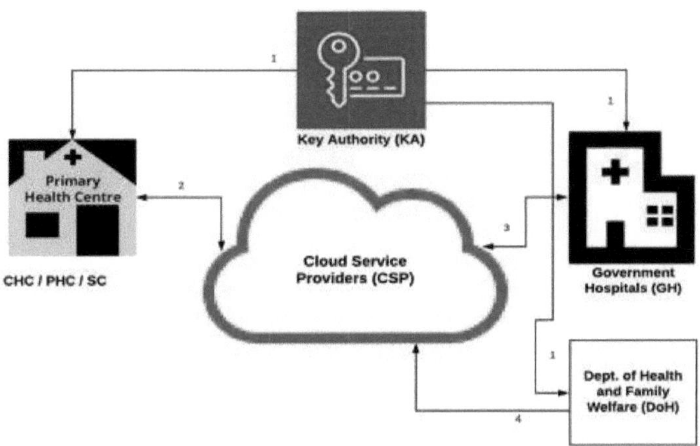

Figura 4.2 Arquitetura geral do sistema

Autoridade-chave (KA)

É uma entidade de confiança que gera e distribui pares de chaves para outras entidades envolvidas no sistema. Assumimos que a KA efectua a autenticação e verifica as funções e políticas do utilizador.

Fornecedor de serviços em nuvem (CSP)

Fornece espaço de armazenamento ilimitado a outras partes para externalização, de modo a que possam armazenar e gerir os seus dados. Os CSP podem efetuar cálculos com os dados armazenados, para além de oferecerem funcionalidades de armazenamento.

CSP/CCI/CES

São criados por iniciativa do governo para prestar serviços públicos de saúde. Geram dados médicos que são encriptados e podem ser utilizados para a análise de dados de saúde para obter referências significativas.

Hospitais públicos (GHs)

Prestam serviços de saúde e dispõem de instalações mais sofisticadas do que os PHC, os CHC ou os SHC. Os hospitais públicos oferecem tratamentos mais avançados e melhores serviços, um nível mais elevado de diagnóstico e de fornecimento de medicamentos.

Departamento de Saúde e Bem-Estar Familiar (DoHFW)

É um departamento do governo de Tamil Nadu e é responsável por garantir o acesso a serviços básicos de saúde pública. Também promove muitos programas de bem-estar familiar.

Os registos de saúde electrónicos são gerados nos centros de saúde de uma das seguintes formas

- quando o profissional de saúde ou o assistente de saúde utiliza uma aplicação móvel para recolher informações no domicílio do doente durante as visitas periódicas ou o recenseamento

- quando um doente visita o HC

- quando os doentes estão inscritos em campos de férias médicos

- quando os doentes/médico utilizam aplicações de saúde ou sensores portáteis para gerar dados de saúde

Estes EHRs são encriptados homomorficamente e transferidos para a nuvem.

Se o médico pretender partilhar os EHRs do paciente com outros HCs ou GHs, os EHRs são novamente encriptados utilizando o esquema AFGH e depois movidos para a nuvem. Se os EHRs não se destinarem a ser partilhados, os dados são encriptados utilizando o algoritmo BGN e armazenados no repositório na nuvem. Os EHRs partilhados podem ser utilizados pelos GHs para diagnosticar rapidamente o paciente. As autoridades do DoHFW podem efetuar a análise de dados para gerar relatórios sobre o desempenho dos CH, que podem ser utilizados para classificar os PHC e emitir comandos sensatos para os departamentos governamentais relevantes. Por exemplo, os stocks de medicamentos podem ser actualizados de acordo com as necessidades dos PHC. Os hospitais públicos podem também efetuar uma análise segura dos dados médicos com os sistemas de registo de dados electrónicos para prever doenças ou classificar os pacientes em função da gravidade da doença, da frequência das visitas, etc.

Modos de SEC-EHRSAF:

O SEC-EHRSAF funciona em três modos.

1) **Modo geral** - Quando o paciente ou o médico deseja armazenar o EHR na nuvem

2) **Modo de partilha** - Quando o doente ou o médico pretendem partilhar o CED com outros Centros de Saúde Primários

3) **Analytics Mode** - Quando o médico pretende efetuar análises sobre os dados armazenados na nuvem

Quando se pretende carregar o RES e este não é partilhado com ninguém, é ativado o modo geral, que é explicado neste capítulo 4. O SEC-EHRSAF utiliza o sistema de criptografia BGN para encriptar e carregar os dados de saúde gerados pelas aplicações utilizadas nos CSP. Para otimizar o desempenho, o algoritmo CRT foi combinado com o algoritmo BSGS, o que reduz o aumento exponencial do custo de computação para números inteiros grandes.

O segundo modo, o modo de partilha do SEC-EHRSAF, é explicado no capítulo 5 e utiliza o algoritmo AFGH para partilhar o EHR encriptado com outros utilizadores autorizados. Este modo eliminou a necessidade de revelar as chaves à nuvem. Espera-se que o proprietário dos dados gere um token utilizando a sua chave privada e a chave pública do utilizador-alvo autorizado.

O terceiro modo, o modo analítico da SEC-EHRSAF, é explicado no Capítulo 6 e utiliza a espetroscopia NIR e a MSST para estimar o tamanho do pâncreas.

4.3 CONTEXTO CRIPTOGRÁFICO

4.3.1 Encriptação homomórfica parcial

Os sistemas de cifragem homomórfica permitem efetuar cálculos sobre os dados cifrados. O principal problema dos sistemas de cifragem totalmente homomórfica (FHE) é a natureza complexa do processamento envolvido no processo de transformação de texto simples em texto cifrado. Além disso, a quantidade de texto cifrado gerado também é enorme, o que pode levar a um aumento dos custos de comunicação da rede.

Para ultrapassar esta dificuldade, o SEC-EHRSAF utiliza esquemas de encriptação homomórfica parcial (PHE). A PHE permite o cálculo de operações matemáticas específicas sobre dados cifrados. Há muitos esquemas de encriptação homomórfica parcial disponíveis na literatura. Por exemplo, o sistema de cifragem de Paillier só permite efetuar operações de adição sobre dados cifrados. Diz-se que o sistema de Paillier é um sistema de cifragem homomórfico aditivo, ou seja, $E(m1)+E(m2) = E(m1+m2)$ em que E é a função de cifragem de Paillier. Outro exemplo é o sistema de criptografia Elgamal, que é multiplicativamente homomórfico em relação aos dados cifrados. Este homomorfismo multiplicativo é conseguido através da propriedade do produto das potências. $E(m1).E(m2) = E(m1.m2)$. Paillier fornece homomorfismo aditivo, Elgamal fornece homomorfismo múltiplo - estes esquemas permitem efetuar uma operação sobre os textos cifrados. Trata-se, portanto, de um homomorfismo parcial. Os esquemas FHE permitem que qualquer operação seja efectuada qualquer número de vezes no texto cifrado, mas sofrem de complexidade e de elevados requisitos de hardware. Assim, é necessário um esquema que suporte múltiplas operações, mas que não sofra de elevada complexidade. Um desses sistemas eficientes é o BGN Cryptosystems.

O SEC-EHRSAF utiliza os sistemas de cifragem BGN - um sistema de cifragem homomórfica parcial que permite qualquer número de adições e uma multiplicação nos textos cifrados. Por conseguinte, é menos complexo do que os sistemas FHE, mas também suporta múltiplas operações. Os criptossistemas BGN são também flexíveis para a transformação de textos cifrados de um grupo para outro, o que é útil para a partilha dos registos de saúde electrónicos entre diferentes entidades no quadro, o que é explicado em pormenor no capítulo 5.

Os grupos bilenares são a base fundamental para resolver muitos problemas matemáticos em criptografia. Os criptossistemas BGN têm o nome dos seus inventores Boneh, Goh e Nissim. A força do algoritmo reside no problema de decisão do subgrupo. Este criptosistema BGN foi originalmente inventado para votação em linha e recuperação de informação privada.

A dificuldade de determinar se um dado elemento x de um grupo finito G pertence a um subgrupo adequado G1 é utilizada como princípio fundamental e dificuldade de construção de criptossistemas BGN. A isto chama-se o Problema de Decisão de Subgrupo. Boneh, Goh e Nissim identificaram o seu problema para pares de grupos G, G1. Os grupos estão na ordem composta $N = pq$ onde p e q são primos arbitrários. Existe uma carta bilinear não degenerada, $e : G \times G \to G1$. Agora o problema é determinar se o elemento dado $x \in G$ está no subgrupo G1 de ordem p. Suponha-se que se x^t gera no grupo G, então a carta bilinear $e(x, x^t)$ é também um elemento de desafio para o mesmo problema de decisão de subgrupos em G^t ; logo se o problema de decisão de subgrupos é inviável em G então é também aplicável a $G .^t$

O SEC-EHRSAF utiliza uma variação do criptossistema BGN combinada com o algoritmo Baby Step Giant Step para melhorar o desempenho no caso de números inteiros grandes. A resolução do problema de decisão de subgrupo para números inteiros grandes é computacionalmente difícil e pode sofrer uma degradação do desempenho. O mesmo processo aplicado para números inteiros de 32 bits demora apenas um tempo razoável, pelo que os números inteiros grandes são divididos em conjuntos de congruências e processados utilizando o Teorema do Resto Chinês (CRT) e os algoritmos Baby Step - Giant Step, que são explicados na subsecção 4.5.1. Isto não afecta a segurança global do sistema, uma vez que todo o quadro é avaliado em dois modos de segurança, nomeadamente 80 bits e 128 bits.

4.3.2 Explorar as propriedades homomórficas no criptossistema BGN

Adição homomórfica:

Se considerarmos um par de textos cifrados C_1, C_2 que se decifram em P_1, P_2, respetivamente, podemos concluir que o $C = C_1 + C_2 \bmod p$ será decifrado $P_1 + P_2 \bmod 2$, desde que não haja "overflow" em nenhuma entrada. Por exemplo, suponhamos que

$C1 = AS_1 + 2X_1 + P_1$ and

$C1 = AS_2 + 2X_2 + P_2$ then

$C = C_1 + C_2 = A(S_1 + S_2) + 2(X_1 + X_2) + (P_1 + P_2)$

que será decifrado como P1+P2 desde que todas as entradas em $T(2(X_1 + X_2) + P_1 + P_2)T^t$ sejam menores que p/2.

Multiplicação homomórfica:

Se considerarmos um par de textos cifrados C_1, C_2 que encriptam P_1, P_2 respetivamente, podemos calcular o produto dos textos cifrados como $C = C_1 \cdot C^t_2 \bmod p$. Consideremos

$$C1 = AS_1 + 2X_1 + P_1 \text{ and } C2 = AS_2 + 2X_2 + P_2 \text{ then}$$

$$C = C_1 \cdot Ct_2 = (AS_1 + 2X_1 + P_1).(AS_2 + 2X_2 + P_2)^t$$

$$= A \cdot (S_1 C^t_2) + 2 (X_1(2X_2 + P_2) + P_1 X^t_2) + P_1 X^t_2 +$$
$$(2X_1 + B_1)S^t_2.A^t \pmod{p}$$

4.4 ALGORITMOS

Esta secção explica os antecedentes do processo de cifragem realizado no nosso sistema. Encriptação homomórfica parcial (PHE) - Os sistemas BGN Crypto são utilizados para encriptar os RSE e, em seguida, os RSE encriptados são transferidos para o repositório na nuvem para acesso posterior.

4.4.1 Armazenamento do registo de dados pessoais

O diagrama seguinte mostra o diagrama de blocos pormenorizado do SEC-EHRSAF em modo de armazenamento.

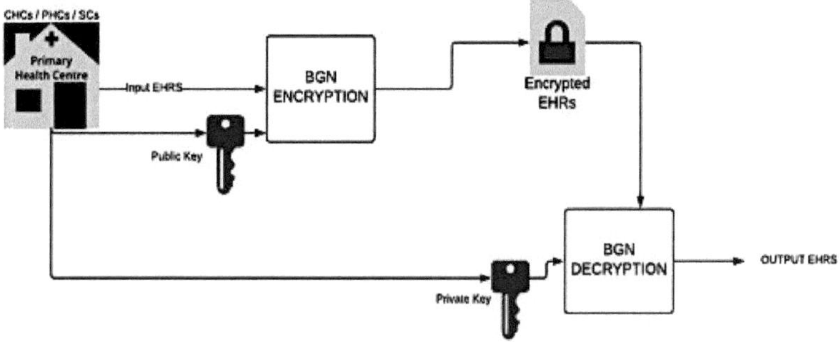

Figura 4.3 SEC-EHRSAF - Modo de armazenamento

Implementámos o PHE utilizando o sistema de criptografia de chave pública homomórfica de Boneh, Goh e Nissim (BGN). Este algoritmo baseia-se nas propriedades de uma classe de problemas de decisão de subgrupos. A força do algoritmo assenta na dificuldade de decidir se um elemento, digamos 'x', pertence a um grupo G de alguma ordem p, onde p = n1n2, também pertence a um subgrupo de ordem n1. O diagrama que se segue (Fig. 3) explica como os registos de saúde electrónicos dos centros de saúde primários são armazenados de forma segura através do sistema de criptografia BGN.

Geração de chaves:

(1) Escolher dois números primos aleatórios de s bits p1 e p2 e definir n = p1p2 $\in$ Z, em que s é o parâmetro de segurança. É selecionado um número inteiro positivo T<p2.

Seja G o grupo bilinear de ordem n com gerador g.

e: GXG $\rightarrow$ G1 é o mapa bilinear.

Escolha dois geradores aleatórios g, u $\leftarrow$ G e defina h = u^{p2} .

Chave pública = (n,G,G1,e,g,h)

Chave privada = p

Encriptação:

(1)   O espaço de mensagens é constituído pelos números inteiros do conjunto $\{0, 1, 2, \dots X\}$ com $X < p2$.

Escolha um r aleatório, $0 < r < n-1$

encriptar $(m) = C = g\ h^{mr} \in G$.

Devolver C, o texto cifrado gerado.

Desencriptação:

(1)   O texto simples pode ser gerado através da desencriptação do texto cifrado utilizando a chave privada p.

$\text{decrypt}(C) = C^p = (g\ h\ )^{mrp} = (C\ )^{pm}$.

O texto simples m é recuperado calculando o logaritmo discreto de C^p base $\hat{g}$, em que $\hat{g} = g^p$.

Devolver m, a mensagem desencriptada.

4.5   RESULTADOS E DISCUSSÃO

O nosso quadro SEC-EHRSAF é avaliado para aplicações que requerem o armazenamento e o tratamento de dados sensíveis em hospitais. Por exemplo, aplicações para acompanhar o estado de saúde de pacientes idosos, aplicações para acompanhar a forma física, dados de saúde para pacientes cardíacos, aplicações para acompanhar ciclos menstruais ou dados de fertilidade, aplicações para processar dados de sensores portáteis, etc. Estas aplicações tratam dados sensíveis, quando estes são transferidos para a nuvem para processamento, os dados sensíveis podem ser acedidos por utilizadores não autorizados. Considerámos duas aplicações para recolher os dados. 1) As pulseiras Fitbit registam o ritmo cardíaco, as estatísticas de passos e a localização do utilizador. O conjunto de dados da Fitbit contém campos de dados como a data, as calorias queimadas, o número de passos, a distância, os minutos de atividade sedentária, os planos, os minutos de atividade ligeira, os minutos de atividade moderada, os minutos de atividade intensa, as calorias da atividade, os minutos de sono, os minutos de vigília, os minutos de despertar, o número de despertares e a duração do repouso em minutos.

2) Kanya monitoriza os ciclos de mensuração das mulheres, prevê possíveis fases de fertilidade, período de ovulação, etc. O conjunto de dados Kanya contém os seguintes campos de dados: intervalo da duração do ciclo, média da duração do ciclo, mediana da duração do ciclo, DP da duração do ciclo, número de observações em falta, número de ciclos consecutivos, ciclo de pico, dia de ovulação estimado, duração da fase lútea, primeiro dia de alta, número de dias de alta, dias de fertilidade total, fórmula de fertilidade total, IMC, idade, pontuação total, etc, Estas aplicações podem ser utilizadas pelos pacientes dos CSP para acompanhar o seu estado de saúde e detetar potenciais doenças. Estas duas aplicações produzem dados sensíveis que devem ser armazenados na nuvem, o que é vulnerável ao acesso não autorizado, resultando na violação da privacidade dos pacientes.

Para ultrapassar as dificuldades acima referidas, o SEC-EHRSAF armazena dados encriptados na nuvem, conseguindo também a partilha segura dos dados protegidos criptograficamente com outros centros de saúde e hospitais, quando necessário. Implementámos o quadro SEC-EHRSAF tanto no lado do cliente (versão móvel e desktop) como no armazenamento na nuvem. O motor de execução do lado do cliente utiliza a API REST para as interações do cliente com a nuvem. O motor do cliente efectua a encriptação dos dados antes de colocar os pedidos no motor da nuvem e também efectua a desencriptação dos dados depois de receber a resposta da API. Os procedimentos SQL são substituídos por rotinas SQL definidas pelo utilizador para realizar operações aritméticas básicas nos dados encriptados. Utilizámos o módulo ECC da biblioteca OpenSSL para realizar a encriptação BGN. A secção seguinte descreve a parte de partilha do quadro, para a qual utilizámos o conjunto de ferramentas da biblioteca RELLC. O SEC-EHRSAF suporta dois modos de segurança. 1) 80 bits e 2) 128 bits. Também executámos algumas operações no modo de segurança de 112 bits para mostrar a comparação do desempenho. Para o backend da base de dados, utilizamos MYSQL, uma vez que o quadro se concentra atualmente apenas em dados estruturados (dados produzidos por duas aplicações móveis Fitbit e Kanya). Como já foi referido, substituímos as rotinas predefinidas por rotinas definidas pelo utilizador para processar dados encriptados. Isto ajuda a operar sobre os dados encriptados sem necessidade de compilar novamente a base de dados. Por exemplo, a função de soma padrão é substituída pela seguinte, select_sum_BGN(Col-a) from Table-b, em que a soma padrão é substituída pela soma criptográfica BGN. A estrutura SEC-EHRSAF é executada com 2,5k LOC de C++, 11k LOC de Java e 5k LOC adicionais para testes e comparação de desempenho. O conjunto de dados da aplicação de fonte de dados FitBit é retirado da Internet e a nossa própria aplicação androide Kanya consiste em 2,5 LOC.

Para avaliar o quadro e analisar o seu desempenho, são incorporadas duas aplicações móveis, Fitbit e Kanya. O Amazon Cloud Service é utilizado para alojar os componentes da nuvem. A aplicação Fitbit recolhe os dados do dispositivo pessoal Fitbit do doente. Os dados dos servidores Fitbit são recolhidos, encriptados e transferidos para a nuvem. A partir da aplicação Kanya, os dados são recolhidos e anonimizados, sendo depois transferidos para a nuvem. Como em qualquer aplicação Web normal, o motor da nuvem e o motor do cliente comunicam utilizando o protocolo HTTPS e a transmissão e receção de dados é feita sob a forma de formato JSON. A autenticação dos clientes com os CSP é efectuada utilizando o OpenID connect.

Avaliámos a nossa estrutura no ambiente Amazon Web Service (AWS) com vários clientes. Os clientes são PCs configurados com CPU Intel

Core i3-2120 de 3,30 GHz e 4 GB de RAM executando Fedora Linux ou Lenovo K8 com processador dual-core de 2,3 GHz e 4 GB de RAM executando Android 5.1.1. As instâncias do Amazon T3 são configuradas na configuração da nuvem. As contas AWS fornecem uma quantidade predefinida de capacidade de armazenamento e uma instância do Intel Xenon 3.3 GHZ com 8 GB de RAM. É utilizado um MacBook com processador i7 e 8 GB de RAM para efetuar operações homomórficas.

O nosso trabalho de extensão consiste em alargar a nossa estrutura para suportar dispositivos IoT com restrições de energia como dispositivos clientes, para além de telemóveis e PCs. Ou seja, executar o nosso SEC-EHRSAF dentro de um dispositivo IOT com restrições de energia para ler os dados diretamente do sensor e movê-los para a nuvem para processamento e partilha seguros.

Consideramos as seguintes métricas para analisar o desempenho da estrutura SEC-EHRSAF.

1) **Tempo de execução**: O tempo que a CPU demora a concluir uma operação. Este tempo é diretamente afetado pelo atraso causado pelas aplicações e pela energia consumida pelos dispositivos móveis.

2) **Tamanho do texto cifrado gerado**: Trata-se de uma métrica importante para uma aplicação como o SEC-EHRSAF, que funciona com primitivos criptográficos. Porque a largura de banda da rede, os requisitos de comunicação da rede têm uma relação com o tamanho do texto cifrado.

3) **Taxa de transferência**: É a taxa a que são efectuadas as operações sobre os dados cifrados.

4) **Latência da aplicação**: O tempo que o cliente leva desde o envio da consulta até receber a resposta da consulta e decifrar os resultados é chamado de latência. Ela soma o tempo gasto para processar a consulta, a latência causada pela rede e o tempo gasto pela nuvem para o processamento.

Os textos simples são gerados de forma aleatória para tamanhos de entrada como inteiros de 16 bits, 32 bits e 64 bits. Executámos as operações de cifragem e decifragem várias vezes e registámos o tempo de execução. A operação de geração de chaves é efectuada menos vezes, comparativamente, pois é uma operação dispendiosa. Todos os números indicados são calculados utilizando uma única linha de execução. Para medir o tempo, utilizámos o Google Stopwatch. A Tabela 4.1 mostra o tempo de execução (em modo de armazenamento) das operações de encriptação e desencriptação no dispositivo do proprietário dos dados (dispositivos móveis ou computadores pessoais) e o tempo necessário para as adições homomórficas na plataforma de nuvem. A Tabela 4.2 mostra o tempo médio de configuração necessário no dispositivo móvel. O algoritmo BGN requer apenas 0,30 milissegundos, o que é muito inferior ao algoritmo paillier. O tempo de configuração inclui o tempo necessário para a autenticação e a geração de chaves. O tempo necessário para gerar as congruências CRT também é adicionado. Normalmente, o processo de geração de chaves é dispendioso e não é feito com frequência como as funções de encriptação e desencriptação.

Tabela 4.1 Resumo do desempenho - Modo de armazenamento

Modo de segurança	Encriptação (ms)	Desencriptação (ms)	Adição homomórfica (µs)
80 - bit	2.5	2	56
128 - bit	4.9	3.9	92

Tabela 4.2 Tempo de configuração - BGN (modo de armazenamento) Vs Paillier

Modo de segurança	BGN (Modo de armazenamento) (ms)	Paillier (ms)
80 - bit	0.30	1625
128 - bit	0.66	42198

4.5.1 Teorema do lembrete chinês para melhoria do desempenho

Os esquemas de encriptação homomórfica sofrem de problemas de desempenho quando o tamanho do texto simples é grande. No caso específico das nossas aplicações móveis Kanya e Fitbit, o desempenho da criptografia BGN sofre quando o tamanho do inteiro é superior a 32 bits. O desempenho do criptossistema BGN pode ser optimizado através da introdução do CRT juntamente com o algoritmo BSGS. O complexo processo de desencriptação envolve a resolução do problema de decisão de subgrupo e do problema de logaritmo discreto, uma vez que utilizamos o módulo ECC para implementar o criptossistema BGN. Esta complexidade pode ser reduzida com a utilização do CRT, convertendo um único problema de logaritmo discreto num número de problemas de logaritmo discreto. O BSGS facilita eficazmente este processo porque reduz o custo exponencial, aumentando assim o desempenho para níveis notáveis.

Por exemplo, como mostra a figura 4.4, um número inteiro de 64 bits a encriptar é dividido em três congruências de 22 bits e, em seguida, as congruências são encriptadas por BGN. O processo de desencriptação é rápido e mais eficiente à medida que o tamanho das congruências é menor. A literatura contém trabalhos de investigação que descrevem métodos de utilização do algoritmo CRT para aumentar o desempenho dos esquemas homomórficos. No entanto, esta combinação de CRT e BSGS para aumentar a eficiência da desencriptação BGN é inovadora e implementada por nós no nosso SEC-EHRSAF pela primeira vez.

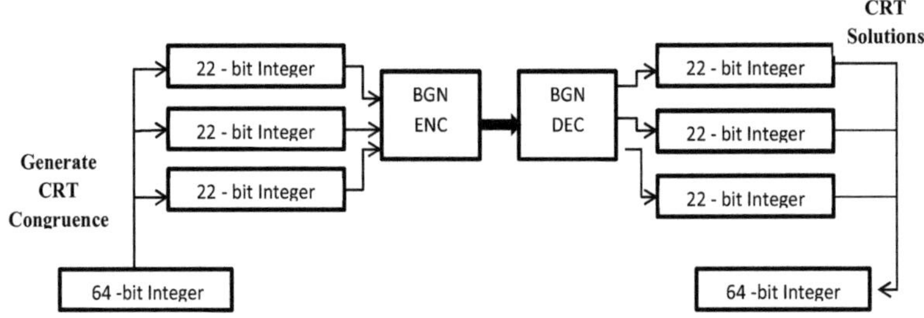

Figura 4.4 Otimização do CRT

No teorema CRT, um número inteiro X pode ser representado através do seu resto a_i com as congruências, X é congruente a a_i mod n_i onde gcd (n_i , n_j =1 para todos i, j) i.e. n $n_{i,j}$ são co-primos.

O SEC-EHRSAF utiliza o sistema de criptografia BGN para o armazenamento de EHR e o algoritmo AFGH para a partilha de EHR. Ambos os algoritmos podem representar o texto simples X através de restos a_i . Estes restos, sendo mais pequenos do que X, podem ser desencriptados rapidamente com maior eficiência. A equação seguinte é utilizada para calcular X quando são dados os restos a_i e os co-primos n_i ,

$$X = \sum_{i=1}^{m} a_i n_i y_i \, (mod\ N)$$

em que y $=N_{ii}^{-1}$ mod n_i. O parâmetro N^i e y^i mantém-se inalterado para um dado par de co-primos n^i . Assim, pode ser pré-computado antes das iterações. Embora a CRT optimize o processo de desencriptação, o custo da encriptação aumenta devido ao aumento da dimensão do texto cifrado, que é linearmente proporcional ao número e à dimensão das congruências. O tamanho do texto cifrado aumenta de 44 bytes para 86 bytes para números inteiros de 32 bits, mas continua a ser inferior ao tamanho do texto cifrado do algoritmo de Paillier.

Quadro 4.3 Resumo do tempo de execução - SEC-EHRSAF (modo de armazenamento)

Tamanho inteiro	Tempo de encriptação (ms)				Tempo de desencriptação (ms)				Tamanho do texto cifrado (bytes)			
	2	3	4	5	2	3	4	5	2	3	4	5
32	2.5	3.4	4.5	5.5	2.1	3.0	4.1	5.1	82	128	164	210
64	2.6	3.5	4.8	5.9	140	6.5	4.4	5.1				

A tabela 4.3 acima mostra o tempo de execução do SEC-EHRSAF no modo de armazenamento. A tabela mostra o desempenho quando são encriptados e desencriptados números inteiros de 32 e 64 bits. A desencriptação de números inteiros de 64 bits é quase inviável quando a tentámos como um número inteiro. Mas, com a ajuda das congruências CRT, torna-se possível e o tempo de desencriptação também diminui quando o número de congruências aumenta. O tempo de desencriptação de um número inteiro de 64 bits com 4 congruências é de 4,4 ms, o mesmo que o de um número inteiro de 32 bits com 4 congruências. Mas temos de nos comprometer na parte da cifragem, ou seja, o tempo necessário para a cifragem aumenta ligeiramente devido ao número de congruências. O tamanho do texto cifrado também aumenta e situa-se entre 82 bytes e 210 bytes. Analisando estes parâmetros, para 32 bits são escolhidas 2 congruências e para 64 bits são escolhidas 3 congruências. Existe um compromisso entre o tempo de cifragem ou decifragem e o tamanho do texto cifrado.

Geração de chaves:

Verificámos o tempo necessário para gerar chaves tanto no telemóvel como no PC. Tabulámos o tempo de configuração necessário para a geração de chaves num dispositivo móvel (LG W3 Pro). O BGN requer pelo menos 0,5 ms para a geração de chaves no modo de segurança de 80 bits. Este tempo é consideravelmente inferior ao do algoritmo de Paillier, que demora 1650 ms. O tempo necessário para gerar a chave na criptografia BGN é menor, apesar do tempo adicional necessário para dividir o inteiro num conjunto de congruências para CRT.

Processo de encriptação / processo de desencriptação:

Comparámos a nossa estrutura com o sistema de criptografia Paillier padrão e apresentámos os resultados. É visível que o criptosistema BGN tem um desempenho superior ao do sistema Paillier padrão. O sistema de criptografia Paillier é executado em tempo exponencial quando o tamanho do texto simples aumenta. Embora o esquema BGN também sofra no caso de textos simples de grandes dimensões, o desempenho pode ser melhorado quando implementamos o processamento em lote, dividindo o texto simples em blocos utilizando o algoritmo CRT.

As Figuras 4.5 e 4.6 abaixo mostram o tempo de execução das operações de cifragem e decifragem com BGN versus Paillier em intervalos de 16 bits, 32 bits e 64 bits, com segurança de 80 bits e 128 bits. O Paillier tem um enorme aumento do tempo de computação devido ao seu grande enchimento de bytes. No entanto, o criptossistema BGN supera o Paillier no caso de um texto simples mais pequeno, com uma estimativa de 3 vezes ou mais. Para a desencriptação, o BGN tem o melhor tempo de execução em todas as configurações, exceto para segurança de 80 bits e números inteiros de 64 bits. O Paillier regista uma grave quebra de desempenho com uma segurança de 128 bits, talvez devido aos grandes tamanhos de chave (de 1048 a 3064 bits) que resultam subsequentemente em grandes operações numéricas.

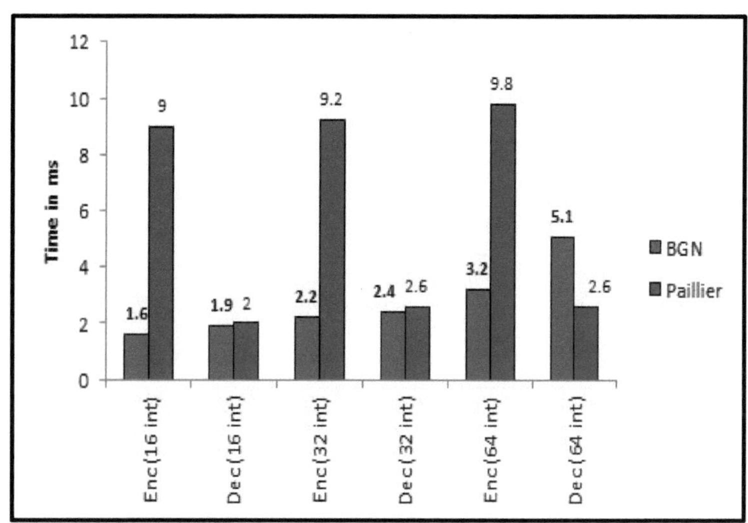

Figura 4.5 Comparação do tempo de execução - BGN Vs Paillier (80 bits)

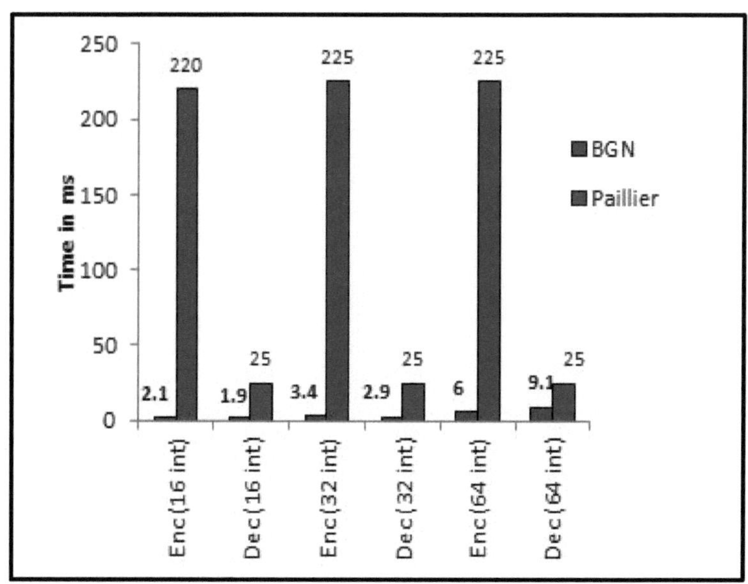

Figura 4.6 Comparação do tempo de execução - BGN Vs Paillier (128 bits)

4.6   CONCLUSÃO

Foi concebido um sistema de armazenamento seguro de EHR para armazenar o EHR do doente utilizando a encriptação homomórfica parcial. O armazenamento de dados de saúde na nuvem é efectuado utilizando o sistema de criptografia PHE-BGN para obter a confidencialidade e a integridade dos dados sensíveis dos doentes. O desempenho do sistema de criptografia BGN é optimizado utilizando o algoritmo CRT e o algoritmo BSGS. As principais vantagens do sistema são: 1) Os EHRs são armazenados em segurança na nuvem 2) Os EHRs estão seguros mesmo em trânsito porque a encriptação homomórfica BGN permite operações agregadas nos dados encriptados. Os resultados experimentais mostraram que o sistema de encriptação BGN é mais eficiente do que o algoritmo Paillier normal.

CAPÍTULO 5

PARTILHA SEGURA DE EHR UTILIZANDO O ALGORITMO AFGH

5.1   INTRODUÇÃO

O intercâmbio de dados de saúde entre os CSP e os hospitais públicos é um processo moroso através de meios inseguros. Por vezes, limitam-se a trocar documentos por correio eletrónico. Guardam os dados em simples folhas de Excel e partilham-nos sem quaisquer procedimentos de segurança. As instituições de saúde públicas também estão a utilizar aparelhos de fax para partilhar informações, uma vez que é menos provável que sejam atacados do que a Internet, mas a comunicação através de faxes é um processo lento. Em vez disso, as tecnologias modernas, como as nuvens, podem ser utilizadas eficazmente para partilhar as informações de saúde entre hospitais, investigação médica, médicos e companhias de seguros.

O sector dos cuidados de saúde está a sofrer alterações devido ao desenvolvimento rigoroso das tecnologias da informação. Os recentes avanços em tecnologias como a telemedicina, a digitalização dos serviços de saúde, os serviços de saúde móveis, os registos de saúde electrónicos, etc., transformaram o sector dos cuidados de saúde num serviço inteligente através de uma plataforma digital.

Uma tecnologia recente como a IoT está a receber muita atenção atualmente. A IoT centra-se principalmente na criação de ambientes inteligentes, como cidades e casas inteligentes. Os sensores são utilizados para medir as alterações no ambiente, de modo a conduzir as acções necessárias. Os sensores detectam alterações de estado no ambiente, como a humidade, a temperatura, o calor e o som. Além disso, a IoT tem dispositivos portáteis que utilizam sensores que são amplamente utilizados em aplicações de cuidados de saúde para prestar serviços de saúde através da Internet. Os dispositivos vestíveis incluem relógios inteligentes, pulseiras inteligentes, óculos inteligentes e estão ligados a aplicações de cuidados de saúde que acompanham o corpo humano e são utilizados para o diagnóstico e a monitorização de doenças.

5.1.1   Desafios da partilha de dados de saúde

1) Estes dispositivos portáteis inteligentes e as aplicações de cuidados de saúde geram um enorme volume de dados de saúde. Estes dados são muito úteis para a investigação médica, para um melhor diagnóstico das doenças e para a prestação de cuidados aos doentes. Os dados relativos à saúde têm de ser partilhados com todos os intervenientes de todo o ecossistema. Esta partilha de dados facilita o reforço do sistema público de saúde, melhorando a rapidez de acesso aos dados de saúde no momento certo pelos intervenientes certos. A partilha de grandes quantidades de dados sensíveis é uma tarefa difícil.

2) Os dados gerados pelas aplicações de saúde ou pelos dispositivos inteligentes encontram-se em diferentes formatos devido aos diferentes fornecedores de serviços e aos vários fabricantes de dispositivos de saúde. Convertê-los num formato genérico ou num formato único é uma tarefa morosa. Por vezes, pode resultar num processamento adicional dos dados.

3) Os dados relativos à saúde são sensíveis por natureza. A privacidade e a segurança dos dados de saúde são uma grande preocupação. Além disso, o tratamento e o armazenamento de

dados de saúde devem respeitar a legislação e a regulamentação do país. Por exemplo, a lei GDPR da Índia.

4) Para além destas leis e actos, a partilha de dados é também uma preocupação. Deve ser obtido o consentimento adequado dos doentes que participam na atividade e o doente deve ser devidamente informado previamente sobre o acesso à partilha de dados.

5) Além disso, a aplicação deve garantir a proteção dos dados contra os ciberataques técnicos quando armazenados em armazéns públicos de dados de terceiros.

6) As políticas de autenticação e autorização devem ser claramente definidas e documentadas de forma a eliminar o acesso não autorizado, os ataques do homem do meio e os ataques internos.

Para evitar os obstáculos acima referidos e enfrentar os desafios, é necessário desenvolver um sistema avançado de cuidados de saúde, como o quadro SEC-EHRSAF, para conseguir um sistema de partilha de dados de saúde seguro, sem erros e escalável. O SEC-EHRSAF funciona em modo de partilha para partilhar os dados de saúde entre os centros de cuidados de saúde primários e os hospitais públicos.

5.2   SEC-EHRSAF EM MODO DE PARTILHA

No SEC-EHRSAF, implementámos o algoritmo AFGH. O AFGH é um criptosistema homomórfico aditivo. O algoritmo ajuda a partilhar os dados cifrados armazenados na nuvem com outros utilizadores (centros de saúde ou hospitais públicos, no nosso caso) sem revelar a chave privada do proprietário dos dados. A nuvem, em nome do proprietário dos dados, partilha o EHR com o utilizador autorizado. A nuvem utiliza um bilhete para realizar esta operação de partilha. O bilhete é gerado pelo proprietário dos dados utilizando a chave privada do proprietário dos dados e a chave pública do utilizador autorizado (o utilizador a quem é partilhado o registo de dados electrónicos). A nuvem utiliza este bilhete para voltar a encriptar o EHR, que, por sua vez, é desencriptado pelo utilizador autorizado utilizando a sua chave pública. O algoritmo AFGH utiliza a propriedade aditiva homomórfica; é entendido como a realização da estrutura algébrica de curvas elípticas sobre campos finitos.

5.2.1   Reencriptação

A reencriptação (RE) foi originalmente introduzida para o reencaminhamento de correio eletrónico. Os algoritmos de reencriptação introduzidos nos primeiros anos têm uma propriedade bidirecional e sofrem de ataques de colusão. Além disso, os utilizadores que participam na operação de partilha têm de revelar as respectivas chaves privadas. Os algoritmos introduzidos mais tarde têm uma propriedade unidirecional e também não são interactivos. Assim, o SEC-EHRSAF utiliza o algoritmo AFGH Re-encryption para conseguir a partilha de dados encriptados. Este é também combinado com o algoritmo CRT para melhorar a eficiência. Os algoritmos tradicionais de reencriptação de chaves simétricas não suportam o homomorfismo e também não conseguem manter o segredo das chaves privadas. Além disso, muitos sistemas na literatura partem do princípio de que a nuvem não acede às chaves secretas partilhadas comprometidas. Há possibilidades de roubar a chave comprometida ou a chave libertada para deduzir a nova chave com a ajuda do texto cifrado. Por outras palavras, os atacantes podem tentar deduzir a chave analisando o texto cifrado e os pares de chaves libertadas. No entanto, no SEC-EHRSAF, mesmo quando a chave libertada de X e os dados reencriptados (texto cifrado) são fornecidos, a nuvem não é capaz de deduzir a nova chave de X.

A reencriptação permite ao proxy converter textos cifrados da chave do proprietário dos dados em textos cifrados da chave do utilizador autorizado, sem revelar o texto simples ou utilizar as chaves privadas do proprietário dos dados. Por conseguinte, o proprietário dos dados pode partilhar os CPE com quaisquer utilizadores de confiança, como outros médicos ou investigadores, sem partilhar a chave privada do proprietário dos dados. Este método também elimina a necessidade de o proprietário dos dados efetuar qualquer cifragem especial para o utilizador de confiança a quem pretende conceder acesso.

O conceito de reencriptação por procuração foi proposto em 1998. Permite que o proxy (uma entidade semi-confiável) transforme o texto cifrado de um utilizador (A) num texto cifrado de outro utilizador (B). Agora, o utilizador B pode decifrar o texto cifrado sem a chave privada de A. Utilizámos o algoritmo AFGH para a reencriptação. Para além das funções normais, como a geração de chaves, a cifragem e a decifragem, também definimos a geração de bilhetes de reencriptação e a reencriptação.

A geração de bilhetes é feita pelo proprietário dos dados que pretende conceder acesso ao utilizador de confiança. Os bilhetes são gerados pelo proprietário dos dados com a chave pública do utilizador de confiança e a chave privada do proprietário dos dados. Agora, o bilhete gerado é utilizado pelo proxy para voltar a encriptar os EHRs que podem ser desencriptados utilizando a chave privada do utilizador de confiança.

Partilha segura de CDI.

Para conseguir a partilha de EHRs entre vários centros de saúde (HCs), hospitais governamentais (GHs) e outras organizações governamentais (por exemplo, DoHFW), é utilizado o algoritmo Ateniese, Fu, Green e Hohenberger (AFGH). A figura 5.1 mostra como a partilha segura de EHRs é realizada entre várias entidades da nuvem segura de saúde eletrónica.

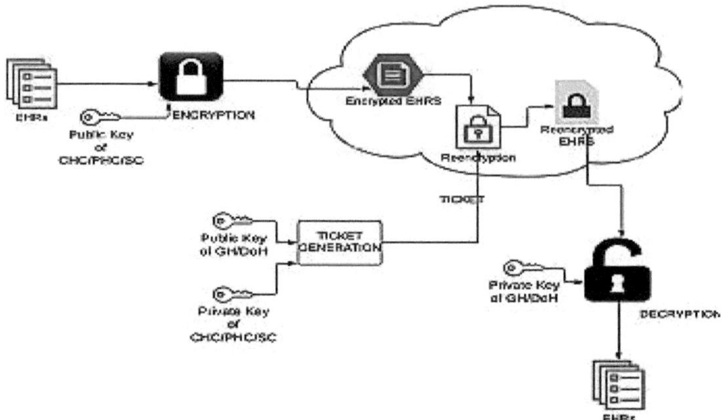

Figura 5.1 Partilha segura de EHR entre CHC/PHC/SC e GH/DoH

5.2.2   Algoritmo AFGH

A construção do sistema AFGH também se baseia em grupos bilineares semelhantes ao algoritmo BGN. Este criptosistema AFGH baseia-se na natureza dos textos cifrados que podem ser movidos de um grupo para outro grupo com transformação bilinear. Utilizamos o algoritmo AFGH para partilhar os EHRs encriptados com o utilizador autorizado pelos CSPs sem a necessidade de revelar a chave privada do proprietário. Os CSPs voltam a encriptar o EHRS encriptado com a ajuda de um bilhete gerado pelo proprietário e a chave pública do utilizador que solicita o EHR. Este EHR reencriptado pode ser desencriptado pelo utilizador autorizado utilizando a sua chave privada. A descrição do algoritmo é a seguinte.

Geração de chaves:

1. Seja G1 um grupo de ordem primo q $<g>$ = G1.

2. Seja α o número aleatório escolhido de Z_q^* .

3. Chave privada = k1 =PrK1

4. Chave pública = g^{k1} = PuK1

5. Para o utilizador2, chave privada = k2 = PrK2

   Chave pública = g^{k2} = PuK2

Encriptação (proprietário dos dados):

1. Mensagem m ε G2, G2 é o grupo de ordem prima q

2. Seja r o número aleatório, $r \in Z_q^{*}$

3. encriptar(m) = C1 = $(Z^r$ -m, g $)^{rk1}$

   Geração de bilhetes (proprietário dos dados):

   $T = (g\ )^{k21/k1} = g^{k2/k1}$

Desencriptação (proprietário dos dados):

decrypt(c1) = m = Z^r·m / e(g^{rk1},$g^{1/k2}$) = Z^r·m / Z^r

Reencriptação (CSP):

C1 → CSP → C2

   C2 = $(Z^r$·m, e(g^{rk1},T)) = $(Z^r$ ·m, e(g^{rk1},$g^{k2/k1}$))

   = $(Z^r$·m, Z^{rk2})

Desencriptação (utilizador autorizado a aceder ao EHR - Utilizador2):

Decrypt(C2) = m = $Z^{r \cdot m}(Z^{rk2})^{1/k2}$

5.2.3 Exploração das propriedades homomórficas no algoritmo AFGH

No SEC-EHRSAF, implementámos a versão modificada do algoritmo AFGH para o emparelhar com os sistemas criptográficos BGN (descritos no capítulo 4), que utilizámos para armazenar os registos de saúde electrónicos e outros dados relativos à saúde. Tanto o criptossistema BGN como o algoritmo AFGH baseiam-se em mapas bilineares e ECC. É assim que a transformação de textos cifrados de um grupo em textos cifrados de outro grupo é possível durante o processo de reencriptação. Para compreender as propriedades homomórficas do algoritmo AFGH, vamos explorar os fundamentos matemáticos do homomorfismo.

Os mapas bilineares baseiam-se na criptografia baseada no emparelhamento, ou seja, no emparelhamento de grupos cíclicos. Vamos compreender os fundamentos dos grupos em matemática discreta.

Grupo:

Um grupo G - (G,*) é definido como um conjunto de elementos em G com uma operação *, se existirem dois elementos a, b pertencentes ao grupo G, então o elemento a*b é também um elemento de G. A operação de grupo * pode ser qualquer operação binária como adicionar, subtrair, dividir, mapear, etc., o elemento gerado a*b deve ter as seguintes propriedades de grupo,

Propriedade de fecho: $\forall$ a, b em G, o elemento gerado a*b $\in$ G

Associatividade: $\forall$ a, b, c em G (a*b)*c=a*(b*c)

Identidade: Existe um elemento e pertencente a G, tal que a*e=e*a =a

Inverso: Para qualquer elemento a, existe um elemento inverso $a^{-1} \in$ G tal que a*a =a^{-1-1} *a =e, em que e é o elemento de identidade.

Grupo cíclico:

Diz-se que um grupo é cíclico quando pode ser gerado a partir de um único elemento. Esse único elemento é chamado gerador do grupo. Todos os outros elementos são os exponenciais do gerador 'g'.

Mapas bilineares:

Suponha que G1, G2 e Gt são grupos cíclicos de ordem q. Uma carta bilinear de G1 × G2 para Gt pode ser definida como e: G1 × G2 → Gt

para todos os elementos u∈G1, v ∈ G2, x, y∈ $\mathbb{Z}$,

$e(u^x, v^y) = e(u, v)^{xy}$.

Assim, um mapa bilinear relaciona pares de elementos de dois grupos distintos G1 e G2 com os elementos de outro grupo Gt. Este processo é designado por emparelhamentos. Esta definição aceita mapas degenerados que se resumem à identidade de G.

Homomorfismo aditivo:

Representamos a mensagem m como $M = Z_m$, sendo Z o emparelhamento. A chave pública do utilizador1 (proprietário dos dados) é PK $=g_{a1}{}^{a1}$ onde g é o gerador que pertence ao grupo G e com um elemento aleatório r, podemos encriptar a mensagem como,

$$C_{a1} = (Z^m Z^r, pk^r{}_{a1}) = (Z^{m+r}, g^{a1r})$$

e o PSC volta a encriptar o texto cifrado para o utilizador 2 (utilizador autorizado a quem o utilizador1 partilha os dados) como

$$C_{b1} = (Z^{m+r}, Z^{b1r}), \text{ with } Z^{b1r} = e(g^{a1r}, g^{b1/a1})$$

Utilizando a chave privada b1, o Utilizador2 pode desencriptar para obter a mensagem como

$$M = Z^{m+r}/(Z^{b1r})^{1/b1} = Z^{m+r}/Z^{r} = Z_m$$

Note-se que a mensagem M tem de ser mapeada com m através da resolução do problema do logaritmo discreto. Podemos otimizar o desempenho utilizando o algoritmo CRT semelhante ao funcionamento em modo normal do SEC-EHRSAF.

Quando efectuamos a adição homomórfica de dois textos cifrados C_{x1} e C_{x2} (encriptados com a chave do Utilizador2) como:

$$C_{x1} + C_{x2} = (Z^{m1+r\,1}, Z^{b1r1}) \odot (Z^{m2+r\,2}, Z^{b1r\,2})$$

$$= (Z^{m1+r\,1}Z^{m2+r\,2}, Z^{b1r\,1}Z^{b1r\,2})$$

$$= (Z^{m1+r\,1+m2+r\,2}, Z^{b1r\,1+b1r\,2})$$

$$= (Z^{m1+m2+r\,1+r\,2}, Z^{b1(r\,1+r\,2)})$$

Mostra a propriedade homomórfica quando são adicionados textos cifrados. Agora, o utilizador pretendido - utilizador 2 - pode decifrar a soma utilizando a sua chave privada b1. Além disso, as chaves AFGH são óptimas, o tamanho do armazenamento necessário para o SEC-EHRSAF não aumenta, apesar de os dados serem partilhados várias vezes com diferentes utilizadores. Além disso, os bilhetes gerados não são transitivos, ou seja, o bilhete gerado para o utilizador2 pelo bilhete do utilizador 1 $_{user1 \to utilizador2}$ pode voltar a encriptar textos cifrados do utilizador1 para o utilizador 2 e não vice-versa. É computacionalmente inviável fazer a reencriptação no sentido inverso. Se nos forem fornecidos dois bilhetes, o bilhete $_{user1 \to user2}$ e o bilhete $_{user2 \to user3}$, é computacionalmente inviável converter os textos cifrados do utilizador 1 em textos cifrados do utilizador 3.

5.3   RESULTADOS E DISCUSSÃO

O SEC-EHRSAF é avaliado no modo de partilha, em que o proprietário dos dados cifra os registos de saúde electrónicos ou os dados de saúde e gera um bilhete para o utilizador ou grupos de utilizadores autorizados com os quais o proprietário dos dados está disposto a partilhar os dados.

Tabela 5.1 Tempo de configuração inicial - Paillier Vs AFGH

Algoritmo	Tempo de configuração inicial (ms)	
	Modo de segurança de 80 bits	**Modo de segurança de 128 bits**
Paillier	1623	42190
AFGH - Configuração das teclas	4.12	6.80
AFGH - Geração de bilhetes	2.7	4.9

Geração de texto cifrado:

O tamanho do texto cifrado gerado desempenha um papel significativo no desempenho e nos requisitos de armazenamento do SEC-EHRSAF. O número de congruências utilizadas no modo de partilha é semelhante ao do modo padrão. Tanto o esquema de encriptação do armazenamento (criptossistemas BGN) como o esquema de reencriptação (algoritmo AFGH) baseiam-se em mapas bilineares, sendo os parâmetros escolhidos de forma a obter uma segurança de 80 bits (ou seja, tamanho do subgrupo 160 e tamanho do campo de extensão 1024) ou de 128 bits. Devido a este facto, resulta num aumento do tamanho dos textos cifrados em comparação com o modo padrão. Embora gere textos cifrados de grandes dimensões em comparação com o modo de armazenamento, continua a ser comparável ao algoritmo Paillier normal. A reencriptação de textos cifrados faz com que o tamanho do texto cifrado aumente devido ao processo de emparelhamento no processo de transformação. Este facto é ilustrado na figura 5.2.

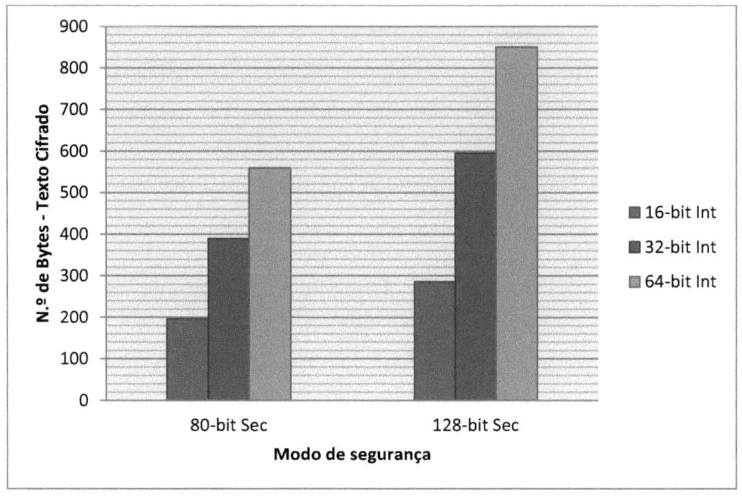

Figura 5.2 Geração de texto cifrado em bytes

Processo de encriptação e desencriptação:

O gráfico da Figura no. 5.3 mostra os processos de encriptação e desencriptação dos dados das aplicações Fitbit e Kanya. As aplicações móveis geram dados de diferentes tamanhos inteiros. Estes dados de saúde são armazenados na nuvem pelo SEC-EHRSAF no modo de armazenamento. Quando estes dados tiverem de ser partilhados com outros hospitais públicos ou centros de saúde, têm de ser novamente encriptados pelo PSC utilizando o bilhete gerado pelo proprietário dos dados. O processo de encriptação e desencriptação é ilustrado nos gráficos 5.3 e 5.4. O modo de partilha do SEC-EHRSAF é mais lento do que o modo de armazenamento. Devido à operação de reencriptação e à geração de bilhetes, torna-se mais lento por um fator de 2,5 a 3,5. Esta taxa mais lenta é ainda aceitável, uma vez que não ultrapassa o limite superior de 30 milissegundos.

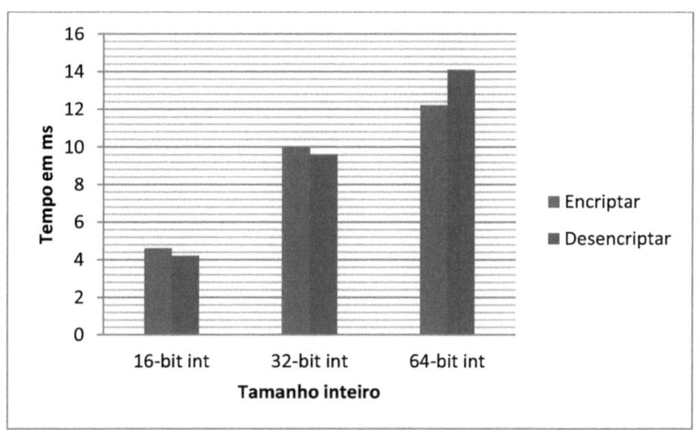

Figura 5.3 Processo de encriptação/desencriptação - segurança de 80 bits

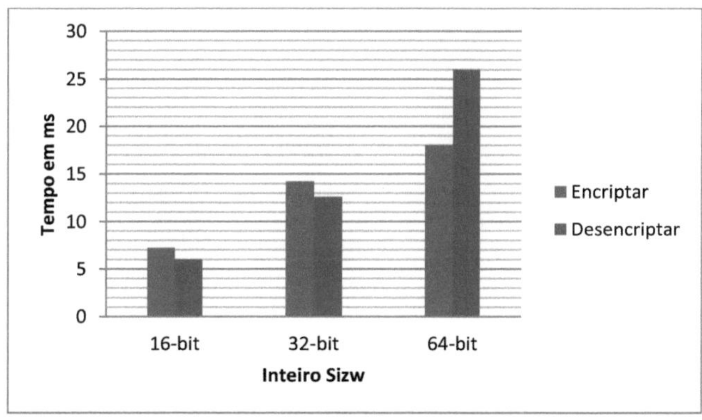

Figura 5.4 Processo de encriptação/desencriptação - Segurança de 128 bits

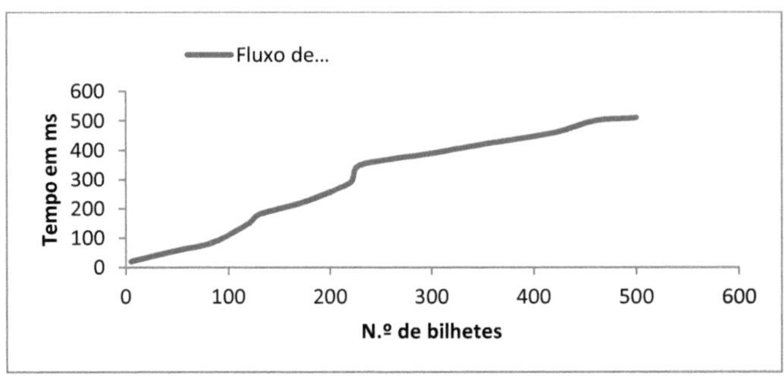

Figura 5.5 Geração de bilhetes para reencriptação (utilizando 4 threads)

Note-se que esta sobrecarga é, em certa medida, compensada pelos ganhos de desempenho decorrentes da transferência da operação de reencriptação para a nuvem.

Quando o SEC-EHRSAF está em modo de partilha, o proprietário dos dados só precisa de gerar um bilhete (o tempo necessário é de 2,5 ms) e voltar a encriptar os dados. Como mostra o gráfico acima na Figura 5.5, o proprietário dos dados pode gerar centenas de bilhetes de reencriptação em 500 ms.

Operação de adição homomórfica:

A operação de adição de textos cifrados (homomorfismo) é implementada de forma mais eficiente no modo de partilha do que no modo de armazenamento. No modo de partilha, são implementados dois tipos de operação de adição homomórfica: 1) Adição antes da partilha 2) Adição após a partilha.

Dados de saúde provenientes de aplicações móveis:

Como já foi explicado no Capítulo 4, o SEC-EHRSAF funciona em dois modos: 1. modo de armazenamento e 2. Modo de partilha. Para avaliar o

SEC-EHRSAF, processamos e armazenamos dados de saúde na nuvem a partir de duas aplicações móveis, nomeadamente dados Fitbit (conjunto de dados públicos disponíveis) e a nossa própria aplicação móvel Kanya (dados de saúde relativos aos ciclos de ovulação e menstruais das mulheres).

Abordagem de avaliação:

Ao avaliar a estrutura SEC-EHRSAF no modo de partilha, o motor do cliente funciona com um tempo médio de ping de pelo menos 25 ms para cada nuvem da Amazon. O tempo de latência da rede é ignorado durante a medição do tempo de ping, mas é iterado muitas vezes durante o cálculo da taxa de transferência. A classe Google stop watch é utilizada para medir o tempo de execução da encriptação e da desencriptação. Para além dos processos de encriptação/desencriptação, é executada uma consulta agregada SQL, como a soma, com valores diferentes nos dados de saúde encriptados.

Consultas sobre dados de saúde encriptados:

Os gráficos apresentados nas Figuras 5.6, 5.7 e 5.8 mostram o desempenho do motor da nuvem, no nosso caso a AWS (pode ser qualquer CSP), durante a execução de consultas SQL sobre dados de saúde encriptados. Enviamos consultas SQL sobre diferentes variáveis de qualquer comprimento e registamos o tempo necessário para as processar. Em seguida, calculamos o rendimento médio do motor de computação em nuvem. São considerados dois tipos de pedidos para registar o tempo de execução: 1. Pedidos enviados da nuvem e 2. Pedidos iniciados pelos utilizadores (proprietários dos dados). Não há efeito na latência da rede para os pedidos iniciados na nuvem, uma vez que são efectuados localmente. O mesmo não acontece com o último tipo de pedidos, que são enviados pelos proprietários dos dados.

Independentemente do tipo de pedido, as operações de texto simples são mais rápidas (até 2 ordens de grandeza) do que as operações efectuadas sobre o texto cifrado. Nos pedidos iniciados pelos PSC para somas de cifragem homomórfica, o atraso da rede causará uma grande lentidão. A sobrecarga aumenta quando há um maior número de itens a adicionar, ou seja, se a base de dados tiver mais de 1000 linhas, o desempenho diminui por um fator de 2,8. Para melhorar o desempenho de tais consultas, podemos optar pela programação paralela, o que pode ser feito como trabalho futuro. O desempenho aqui apresentado mostra o desempenho do limite inferior.

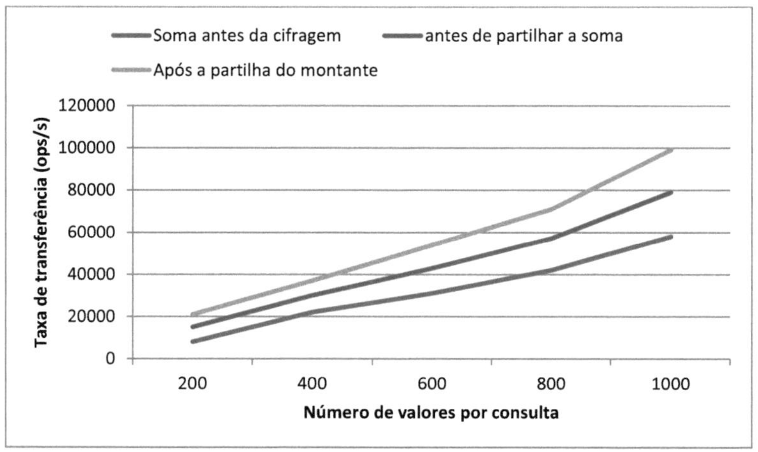

Figura 5.6 Computações efectuadas na nuvem iniciadas pelo proprietário dos dados

A partilha de dados de saúde é feita exclusivamente pelos PSC sem a intervenção do proprietário dos dados e de outros utilizadores. Embora a operação de reencriptação exija mais memória e gere textos cifrados de grandes dimensões, é mais rápida porque apenas a nuvem está envolvida na operação. De acordo com os nossos resultados, a nossa nuvem pode efetuar cerca de 1100 encriptações por segundo.

Atraso de rede vs. taxa de transferência:

Esta é uma caraterística importante das aplicações que funcionam em redes informáticas. A nossa aplicação SEC-EHRSAF é executada num ambiente de nuvem. A latência da rede tem um impacto no desempenho do sistema. As consultas agregadas, como o cálculo da soma dos passos dados durante um determinado período ou a média de calorias queimadas na semana passada por um doente, são iniciadas pelo proprietário dos dados e executadas pelo PSC. Por vezes, o próprio CSP pode iniciar algumas operações para actualizações periódicas. A Figura 5.9 mostra o atraso de ponta a ponta e o rendimento durante a execução de consultas agregadas. O atraso médio aumenta num fator de 2,5. Para conseguir uma comunicação sem falhas entre o cliente (proprietário dos dados) e o CSP, pode tolerar-se uma latência de até 1s.

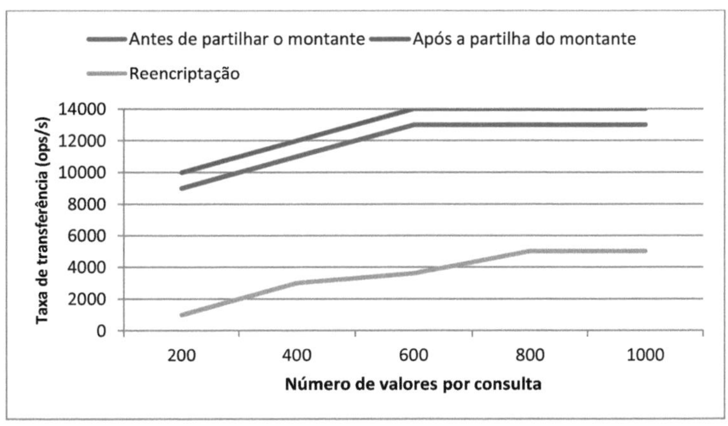

Figura 5.7 Cálculos efectuados na nuvem iniciados pela nuvem

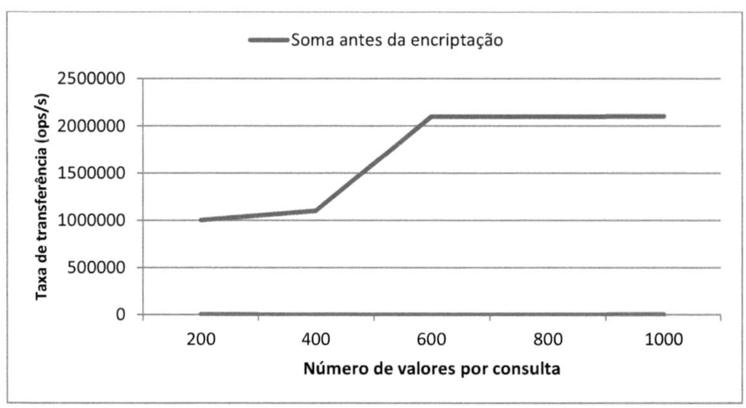

Figura 5.8 Computações efectuadas na nuvem iniciadas pela nuvem

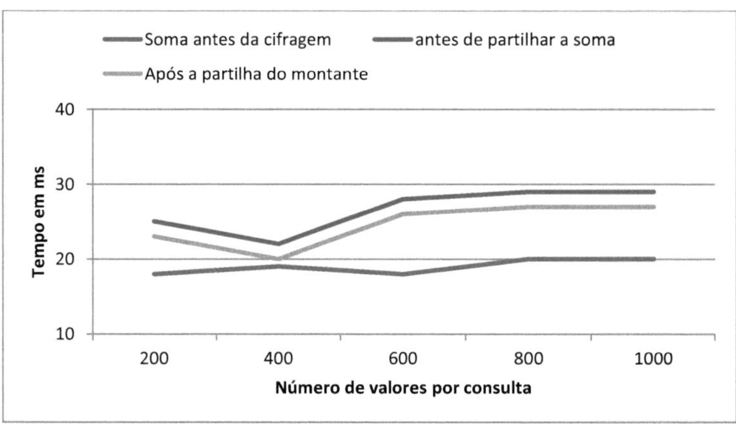

Figura 5.9 Atraso de extremo a extremo

As aplicações Fitbit e Kanya são executadas no ambiente real para recolher dados de pacientes ou indivíduos. Em seguida, o proprietário dos dados ou o médico pode encriptar e carregar os dados na nuvem. A aplicação Kanya gera mais pontos de dados para o rastreio de dados menstruais e de fertilidade nas mulheres utilizando um conjunto de sensores. Executando as aplicações em diferentes vistas durante semanas, meses e um único dia de utilização, mede-se a latência através da qual se analisam as despesas gerais de comunicação na rede.

Tabela 5.2 Atraso da rede - Carregamento a partir da aplicação móvel

Aplicação móvel	N.º de artigos	Encriptar e carregar	N.º de artigos	Desencriptar e visualizar
Kanya	8200	28 segundos	70	120 milissegundos
Fitbit	1550	1,8 segundos	70	35 milissegundos

Lançamento de chave:

Quando os dados de saúde devem ser partilhados, o proprietário dos dados emite um bilhete que é utilizado pelo PSC para efetuar a reencriptação. Os dados reencriptados são desencriptados pelo utilizador autorizado pretendido utilizando a sua chave privada. O que acontece quando o proprietário dos dados decide, após algum tempo, não partilhar os dados com um determinado utilizador? Como podemos resolver este problema de revogação dos direitos concedidos a um determinado utilizador? Uma solução fácil é que o proprietário dos dados deve gerar um novo par de chaves para efetuar a cifragem, a decifragem e a geração de bilhetes. Agora, os novos bilhetes são gerados utilizando a nova chave privada. Por conseguinte, os bilhetes antigos gerados utilizando a chave privada anterior tornam-se obsoletos. Os bilhetes antigos não podem ser utilizados pelos PSC para regeneração. A próxima situação exigente de libertação de chaves surge quando as chaves de qualquer utilizador são comprometidas. Quando são geradas novas chaves, a possível atualização na nuvem dos dados já encriptados/partilhados utilizando chaves antigas tem de ser actualizada.

Substituição ou reenvio de chaves:

Se um utilizador desejar substituir o seu par de chaves por um novo par de chaves, pode fazê-lo solicitando ao gestor de chaves. Esta atualização de chaves tem de ser informada à nuvem de uma forma processual. Devemos também ter em conta que, no momento da reencriptação, tanto a chave antiga como a nova estão disponíveis para o utilizador, pelo que nenhuma chave é comprometida ou roubada. Durante o processo de reencriptação, o utilizador tem de emitir um novo bilhete para que o PSC efectue a reencriptação em nome do utilizador. O novo bilhete é calculado utilizando a seguinte fórmula: Novo bilhete $\alpha = è/e$, em que è e e são, respetivamente, a nova chave e a antiga chave.

Os textos cifrados novamente encriptados têm de ser transformados de acordo com o novo bilhete para partilha. Isto é feito da seguinte forma,

$$C_è = (C_1, \alpha C_2) = C1, r\, èG)$$

Por conseguinte, o segundo componente do texto cifrado tem de ser modificado de acordo com o bilhete gerado. A operação de reencriptação tem de ser tratada com cuidado, uma vez que é transitiva, mas a reencriptação não é transitiva. Ou seja, a reencriptação pode ser efectuada várias vezes no mesmo componente. A segurança da operação de rechaveamento pode ser assegurada porque tanto a chave antiga como a nova são conhecidas apenas pelo utilizador. O CSP malicioso não tem acesso às chaves. Mas os CSP podem tentar explorar o reverso do novo bilhete e transformar os textos cifrados da nova chave em textos cifrados da chave antiga. Assim, partimos do princípio de que o PSC é uma nuvem honesta.

Autorização de grupos de utilizadores:

Os médicos, os administradores de EHR e os doentes de um PHC/CHC/GH são adicionados a um grupo de utilizadores. Podemos partilhar os dados de saúde e os sistemas de informação médica eletrónica com um determinado utilizador ou utilizadores de um determinado grupo. As políticas de autorização têm de ser criadas cuidadosamente para garantir a segurança. A cada membro do grupo deve ser atribuído 1) um bilhete de reencriptação e 2) uma chave de grupo específica. Quando um utilizador possui estes dois elementos, é um utilizador de confiança e autenticado. Estas políticas de acesso de grupo são criadas e mantidas utilizando uma infraestrutura de chave pública. Os gráficos de acesso são construídos para cada grupo. O iniciador do grupo é a raiz do gráfico que contém a identificação do grupo e a chave pública do iniciador. Os membros que se juntam ao grupo são nós do gráfico. A cada nó do grafo é atribuído um pai, exceto o nó raiz. A ligação entre membros e a autenticação mútua é efectuada de acordo com a relação pai-filho.

Entrar no grupo:

Qualquer membro pode juntar-se ao grupo se qualquer membro do grupo puder assinar o novo membro utilizando o ID do grupo depois de verificar a chave pública do novo membro. Após a verificação, o novo membro recebe um bilhete para aceder aos dados partilhados. Na maioria dos casos, esta verificação do utilizador e a emissão do bilhete são feitas pelo proprietário dos dados ao utilizador a quem os dados vão ser partilhados.

Deixar o grupo:

Para abandonar o grupo, o utilizador tem de iniciar o procedimento de libertação da chave. Já foi explicado que, após a libertação da chave, é efectuada a rechaveamento. A rechaveamento transforma o texto cifrado sob a chave antiga no texto cifrado sob a nova chave. Se o utilizador não proceder à rechaveamento, os textos cifrados com a chave antiga continuam a ser acedidos pelos utilizadores já partilhados utilizando o bilhete antigo gerado. Para evitar esta situação, o utilizador tem de iniciar o procedimento de rechaveamento.

Análise de segurança:

Em geral, qualquer sistema de armazenamento deve resistir a ataques passivos. O SEC-EHRSAF consegue desafiar os ataques passivos porque os dados armazenados na nuvem permanecem criptograficamente protegidos, ou seja, fortemente encriptados. Os CSPs honestos, mas curiosos, nunca podem comprometer as chaves de desencriptação porque só executam a reencriptação e só os utilizadores de confiança desencriptam os dados utilizando as chaves privadas. Os utilizadores de confiança são autorizados através da validação da identidade do utilizador. O proprietário dos dados emite um bilhete para o CSP em nome dos utilizadores de confiança a quem o proprietário dos dados pretende partilhar os dados. O CSP utiliza o bilhete para voltar a encriptar os dados para o utilizador de confiança ou para os grupos de utilizadores de confiança. Por conseguinte, a nuvem curiosa não precisa de desencriptar os dados para os partilhar. Os utilizadores também podem libertar chaves quando é necessária uma atualização das mesmas. Para efetuar o processo de re-criptografia, o SEC-EHRSAF assume que a nuvem é honesta mas curiosa ou semi-honesta. Se a nuvem for maliciosa, o processo de rechaveamento não pode ser efectuado ou deve ser subcontratado a um terceiro de confiança.

5.4   CONCLUSÃO

Foi concebido um sistema seguro de partilha de EHR utilizando o algoritmo AFGH. O SEC-EHRSAF funciona em modo de partilha, a fim de partilhar de forma segura os EHR ou os dados de saúde com utilizadores e grupos de utilizadores de confiança. O desempenho do processo de partilha também é melhorado utilizando o algoritmo CRT e o algoritmo BSGS, uma vez que já está implementado no modo de armazenamento do SEC-EHRSAF. As vantagens deste sistema de partilha segura são as seguintes: 1) Os EHRs são partilhados de forma segura apenas com utilizadores autorizados, gerando o bilhete pelo proprietário dos dados; 2) Os CSPs partilham os EHRs em nome do proprietário dos dados através de um processo de reencriptação; 3) Os utilizadores a quem os dados são partilhados podem desencriptar os dados utilizando as suas chaves privadas. Os resultados experimentais mostraram que o desempenho do SEC-EHRSAF é bom, comparando o débito e a latência das operações efectuadas na nuvem iniciadas pelo proprietário dos dados a partir da rede e também as operações efectuadas na nuvem iniciadas pela própria nuvem localmente. O SEC-EHRSAF também é bom contra ataques passivos que podem ocorrer na nuvem.

CAPÍTULO 7

CONCLUSÃO E TRABALHO FUTURO

7.1   CONCLUSÃO

Este trabalho de investigação centrou-se no desenvolvimento de uma aplicação segura de saúde eletrónica em nuvem para armazenar, partilhar e analisar dados de saúde de forma segura. As necessidades crescentes do sector da saúde exigem que as aplicações de saúde sejam executadas em servidores em nuvem de terceiros. O crescimento exponencial dos dados de saúde também dá início à partilha de dados de saúde entre os profissionais de saúde, como médicos, administradores de EHR, administradores de laboratório, etc. Esta partilha de dados ajuda a analisar pormenorizadamente os dados médicos, o que pode contribuir para um diagnóstico rápido das doenças e para uma melhor investigação médica.

Neste trabalho de investigação, é apresentado um quadro seguro SEC-EHRSAF para armazenar, partilhar e analisar dados de saúde na nuvem utilizando algoritmos de cifragem homomórfica parcial. Os resultados são apresentados e, quando comparados com o algoritmo de paillier normal, o SEC-EHRSAF apresenta melhores resultados. Uma vez que estamos a transferir apenas os dados encriptados para a nuvem, isso garante a confidencialidade dos dados sensíveis dos doentes. O PSC curioso não pode ler de forma significativa os dados de saúde externalizados, uma vez que são encriptados antes de serem armazenados na nuvem. O nosso quadro seguro resiste bem aos ataques passivos tanto no modo de armazenamento como no modo de partilha.

7.2   CONTRIBUTOS   DO   TRABALHO   DE INVESTIGAÇÃO

São obtidos e apresentados os seguintes resultados,

- É efectuado um estudo comparativo do quadro de armazenamento e partilha seguros SEC-EHRSAF contra o algoritmo de Paillier e são apresentados os resultados.

- Os prestadores de serviços na nuvem, honestos mas curiosos, não têm acesso a quaisquer chaves ou dados armazenados na nuvem. Por conseguinte, é possível obter um controlo total sobre os dados de saúde sensíveis.

- É evidente que o armazenamento do criptosistema BGN é eficiente quando comparado com o tamanho do texto cifrado gerado.

- O tempo de execução necessário para a cifragem e a decifragem de vários tamanhos de números inteiros nos modos de segurança de 80 e 128 bits é menor para os criptossistemas BGN do que para o algoritmo Paillier.

- O tempo de configuração inicial da chave necessário para BGN e AFGH é menor quando comparado com Paillier, tanto no modo de armazenamento como no modo de partilha.

- O modo de partilha é mais lento do que o modo de armazenamento devido à operação de reencriptação e de geração de bilhetes.

- No modo de partilha, o tempo necessário para a geração de bilhetes pode ser reduzido quando o número de instâncias de thread é aumentado.

- Os tamanhos dos textos cifrados gerados são maiores no modo de partilha, mas ainda assim são menores do que os textos cifrados gerados pelo algoritmo de Paillier.

- O desempenho do SEC-EHRSAF sofre um pouco quando há demasiadas consultas iniciadas pelo proprietário dos dados através da rede. A taxa de transferência aumenta se as operações forem iniciadas localmente na própria nuvem.

- A taxa de transferência é medida em função do número de consultas apresentadas na nuvem. A taxa de transferência do sistema é elevada mesmo quando o número de itens e de consultas é superior quando apresentado em texto simples.

- As consultas agregadas não sofrem degradação de desempenho. A latência da rede aumenta linearmente com o número de itens por consulta.

- O atraso de ponta a ponta da rede mostra que o SEC-EHRSAF é praticamente implementável e que os utilizadores podem ter uma melhor experiência mesmo operando com dados encriptados.

- As aplicações móveis - fitbit e kanya - registam apenas um atraso razoável e um aumento do tempo de processamento para carregar os dados para a nuvem utilizando o SEC-EHRSAF.

7.2.1 Vantagens e limitações da SEC-EHRSAF

O SEC-EHRSAF protege criptograficamente os dados sensíveis dos pacientes na nuvem. Protege a confidencialidade dos dados mesmo na presença de servidores passivos comprometidos. O sistema proposto tem procedimentos de autenticação fortes, tentamos arduamente não permitir a entrada de utilizadores não autorizados no quadro, mas não verifica a correção dos EHR recuperados. O sistema proposto não oculta os padrões de acesso aos RSE, através dos quais o adversário pode deduzir algumas informações. Os esquemas de cifragem homomórfica são uma área de investigação relativamente nova e ativa que permite operações de preservação da privacidade em dados cifrados. Observou-se nas experiências que o tamanho do texto cifrado gerado é enorme quando comparado com o texto simples, o que leva a um excesso de armazenamento.

- Os registos de saúde electrónicos são partilhados de forma segura apenas com utilizadores autorizados através da geração de um bilhete pelo proprietário dos dados.

- Os PSC partilham os CHR em nome do proprietário dos dados através de um processo de reencriptação. Os proprietários dos dados estão livres do ónus deste processo.

- Os utilizadores a quem os dados são partilhados podem desencriptar os dados utilizando as suas chaves privadas.

- O SEC-EHRSAR protege criptograficamente os dados sensíveis dos pacientes na nuvem. Protege a confidencialidade dos dados mesmo na presença de servidores passivos comprometidos.

- O SEC-EHRSAR tem procedimentos de autenticação fortes, tentamos arduamente não permitir a entrada de utilizadores não autorizados no quadro, *mas não verifica a exatidão dos EHR recuperados.*

- O SEC-EHRSAR *não oculta os padrões de acesso ao EHR* através dos quais o adversário pode deduzir algumas informações.

- Os esquemas de encriptação homomórfica são uma área de investigação relativamente nova e ativa que permite operações de preservação da privacidade em dados encriptados. Foi observado nas experiências *que o tamanho do texto cifrado gerado é enorme quando comparado com o texto simples, o que leva a um excesso de armazenamento.*

- Devido à grande sobrecarga de armazenamento e ao elevado custo de computação, *o processamento dos dados dos sensores é difícil* porque os dispositivos de computação dos sensores têm menos armazenamento e menos capacidade.

7.3   TRABALHO FUTURO

O SEC-EHRSAF assume o servidor de chaves como uma entidade fiável.   Para o futuro melhoramento, o servidor de chaves deve ser implementado com capacidades adicionais para garantir as funções, as políticas e a confiança no processo de autorização. Podem ser introduzidas políticas de acesso baseadas em funções (RBAC). Pode ser implementado um maior número de modelos de aprendizagem automática para a análise de dados médicos e a previsão de doenças, a fim de obter melhores resultados e aumentar a exatidão. A programação paralela pode ser aplicada para acelerar as rotinas incorporadas executadas na base de dados armazenada na nuvem.

<u>REFERÊNCIAS</u>

1. Abbas, A & Khan, SU 2014, 'A review on the state-of-the-art privacy-preserving approaches in the e-Health clouds', IEEE Journal of Biomedical and Health Informatics, vol.18(4), pp. 1431-1441.

2. Abhijit V Banerjee, Rachel Glennerster & Esther Duflo 2008, 'Putting a Band-Aid on a Corpse: Incentives for Nurses in the Indian Public Health Care System", Journal of the European Economic Association, vol. 6(2-3), pp. 487-500.

3. Acar, A, Aksu, H, Uluagac, AS & Conti, M 2017, 'A Survey on Homomorphic Encryption Schemes: Theory and Implementation" , pp. 1-35. https://doi.org/10.1145/0000000.0000000.

4. Alabdulatif, I, Khalil, X, Yi & Guizani, M 2019, 'Secure Edge of Things for Smart Healthcare Surveillance Framework', em IEEE Access, vol. 7, pp. 31010-31021.

5. Alex Roehrs, Cristiano André da Costa & Rodrigo da Rosa Righi 2017, "OmniPHR: Um modelo de arquitetura distribuída para integrar registos pessoais de saúde", Journal of Biomedical Informatics, vol. 71, pp. 70-81.

6. Alyami, M 2017, "Gerir registos de saúde pessoais utilizando metadados e armazenamento em nuvem". IEEE/ACIS 16.ª Conferência Internacional sobre Informática e Ciência da Informação (ICIS) pp. 265-271.

7. Amlan Majumder, V & Upadhyay 2004, 'n analysis of the primary health care system in India with focus on reproductive health Care services', ArthaBeekshan, vol.12(4), pp. 29-38.

8. Anthony Wellever, Gerald Hill & Michelle Casey 1998, 'Commentary: Medicaid Reform Issues Affecting the Indian Health Care System", Public Health Policy Forum, vol.88(2), pp. 193-195.

9. Antonio Gonzalez-Perez, Raymond G Schlienger & Luis A García Rodríguez 2010, 'Acute Pancreatitis in Association With Type 2 Diabetes and Antidiabetic Drugs, A population-based cohort study' Diabetes Care, vol.33, no. 12, pp. 2580-2585.

10. Aslett, LJM, Esperança, PM & Holmes, CC 2015, 'A review of homomorphic encryption and software tools for encrypted statistical machine learning', pp. 1-21. Recuperado de http://arxiv.org/abs/ 1508. 06574.

11. Ateniese, G, Fu, K, Green, M & Hohenberger, S 2006, 'Improved proxy re-encryption schemes with applications to secure distributed storage', ACM Transactions on Information and System Security, vol.9(1), pp. 1-30.

12. Awasthi, P, Mittal, S, Mukherjee, S & Limbasiya, T 2019, 'Um algoritmo de computação em nuvem protegido usando criptografia homomórfica para preservar a integridade dos dados', In: Sa P, Bakshi S, Hatzilygeroudis I, Sahoo M. (eds) Descobertas recentes em técnicas de computação inteligente. Advances in Intelligent Systems and Computing, vol. 707. Springer, Singapura

13. Bahga, A & Madisetti, VK 2013, "A cloud-based approach for interoperable electronic health records (EHRs)", IEEE J Biomed Health Inform. vol.17(5), pp. 894-906.

14. Bajpai, Nirupam & Goyal, Sangeeta 2004, ;Primary Health Care in India: Coverage and Quality Issues', CGSD Working Paper, vol.15, pp. 1-39.

15. Basu, S 2012, "Fusion: Managing Healthcare Records at Cloud Scale", em Computer, vol. 45, n.º 11, pp. 42-49.

16. Bertrand, V, Smokvina, E, Masson, E & Bruel, H 2019, 'Pancreatite aguda grave numa criança com fenilcetonúria', Arch. Pédiatrie, vol. 26, no. 2, pp. 2018-2020.

17. Bitewulign Kassa Mekonnen, Webb Yang, Tung-Han Hsieh, Shien-KueiLiaw, Fu-Liang Yang,

18. Bitewulign Kassa Mekonnen, Webb Yang, Tung-Han Hsieh, Shien-KueiLiaw & Fu-Liang Yang 2020, 'Accurate prediction of glucose concentration and identification of major contributing features from hardly distinguishable near-infrared spectroscopy,' Biomedical Signal Processing and Control, vol.59.

19. Bocu, R & Costache, C 2018, 'A homomorphic encryption-based system for securely managing personal health metrics data', IBM Journal of Research and Development, vol. 62(1), pp.1:1-1:10.

20.   Bondale, N, Kimbahune, S & Pande, A 2013, 'mHEALTHPHC: An ICT Tool for Primary Healthcare in India', IEEE Technology and Society Magazine, FALL 2013, pp. 31-38.

21.   Camilla L Cunha, Alexandre R Torres & Aderval S Luna 2020, 'Modelos de regressão multivariada obtidos a partir de dados de espetroscopia no infravermelho próximo para previsão das propriedades físicas do biodiesel e suas misturas', Fuel, vol. 261, p.116344.

22.   Chen, M, Hao, Y, Hwang, K, Wang, L & Wang, L 2017, 'Disease Prediction by Machine Learning Over Big Data From Healthcare Communities', em IEEE Access, vol. 5, pp. 8869-8879.

23.   Chen, M, Qian, Y, Chen, J, Hwang, K, Mao, S & Hu, L 2016, 'Privacy Protection and Intrusion Avoidance for Cloudlet-based Medical Data Sharing,' in IEEE Transactions on Cloud Computing.

24.   Chokshi, M, Patil, B, Khanna, R, Neogi, SB, Sharma, J, Paul, VK & Zodpey, S 2016, "Sistemas de saúde na Índia", Journal of Perinatology, vol. 36, pp. S9-S12.

25.   de Melo Silva, L, Araújo, R, da Silva, FL & Cerqueira, E 2014, 'A new architecture for secure storage and sharing of health records in the cloud using federated identity attributes,' 2014 IEEE 16th International Conference on e-Health Networking, Applications and Services (Healthcom, Natal, pp. 194-199.

26.   Dhadlie, S & Ratnayake, S 2019, 'Um relato de caso raro de perfuração do cólon ascendente secundária a pancreatite aguda', Int. J. Surg. Case Rep, vol. 55, no. 1, pp. 62-65.

27.   Dimastromatteo, J, Brentnall, T & Kelly, K 2017, 'Imaging in pancreatic disease', Nat Rev Gastroenterol Hepatol vol. 14, pp.97-109.

28.   Dong, P 2013, 'O Estudo Correlativo entre CTSI e Envolvimento do Ligamento Gastrocólico na Pancreatite Aguda Envolvente', IEEE Int. Conf. Med. Imaging Phys. Eng, vol. 2, no. 1, pp. 1-3.

29.   Dong, P, Gao, Q, Wang, X, Li, J, Wang, B & Subjects, A 2013, 'Espaço subperitoneal do envolvimento do mesentério na tomografia computadorizada abdominal e seu significado clínico na pancreatite aguda', Proc. 2013 ICME Int. Conf. Complex Med. Eng, vol. 1, no. 1, pp. 479-482.

30. Duraisamy Sathya & Ganesh Kumar, P 2017, "Secured remote health monitoring system," in Healthcare Technology Letters, vol.4(6), pp. 228-232.

31. Ekblaw, Ariel, Asaph Azaria J Halamka & Lippman, A 2016, "Um estudo de caso para Blockchain nos cuidados de saúde : Protótipo "MedRec" para registos de saúde electrónicos e dados de investigação médica.

32. Eriksson, AU, Svensson, C, Hörnblad, A, Cheddad, A, Kostromina, E, Eriksson, M, Norlin, N, Pileggi, A, Sharpe, J, Georgsson, F, Alanentalo, T & Ahlgren, U, Near Infrared Optical Projection Tomography for Assessments of β-cell Mass Distribution in Diabetes Research. J. Vis. Exp. vol.71, p. e50238.

33. Erkin, Z, Veugen, T, Toft, T & Lagendijk, RL 2012, 'Generating Private Recommendations Efficiently Using Homomorphic Encryption and Data Packing,' in IEEE Transactions on Information Forensics and Security, vol. 7, no. 3, pp. 1053-1066.

34. Ermakova, T & Fabian, B 2013, "Secret Sharing for Health Data in Multi-provider Clouds", 15.ª Conferência sobre Informática Comercial, Viena, pp. 93-100.

35. Freeman, DM 2011, Homomorphic Encryption and the BGN Cryptosystem. pp. 1-7.

36. Galbraith, SD 2002, "Elliptic Curve Paillier Schemes", Journal of Cryptology. https://doi.org/10.1007/s00145-001-0015-6.

37. Garg, PK & Singh, VP 2019, 'Organ Failure Due to Systemic Injury in Acute Pancreatitis,' Gastroenterology, vol. 156, no. 7, pp. 2008-2023.

38. Garg, S, Singh, R & Grover, M 2012, 'India's health workforce: Current status and the way forward", The National Medical Journal of India vol. 25(2), pp. 11-113.

39. Gentry, C 2009, A fully homomorphic encryption scheme (Um esquema de encriptação totalmente homomórfico). Actas do 41.º Simpósio Anual da ACM sobre o Simpósio de Teoria da Computação - STOC '09 pp. 169. https://doi.org/10.1145/ 1536414. 153 6440

40. Gomathisankaran, M, Yuan X, & Kamongi, P 2013, 'Ensure Privacy and Security in the process of Medical Image Analysis' (Garantir a privacidade e a segurança no processo de análise de imagens médicas),

conferência internacional do IEEE sobre computação granual, Pequim, China.

41.   Gori, E, Lippi, I, Guidi, G, Perondi, F, Pierini, A & Marchetti, V 2019 'Pancreatite aguda e lesão renal aguda em cães', Vet. J, vol. 245, no. 2019, pp. 77-81.

42.   Haas, S, Wohlgemuth, S, Echizen, I, Sonehara, N & Müller, G 2011, 'Aspects of privacy for electronic health records', Int J Med Inform. vol.80(2), p.e26-e31.

43.   Habibullah, M, Oninda, MAM, Bahar, AN, Dinh, A & Wahid, KA 2019, 'NIR-Spectroscopic Classification of Blood Glucose Level using Machine Learning Approach,' IEEE Canadian Conference of Electrical and Computer Engineering (CCECE, Edmonton, AB, Canadá, pp. 1-4.

44.   Halevi, S 2017, "Homomorphic encryption", In Information Security and Cryptography. https://doi.org/10.1007/978-3-319-57048-8_5.

45.   Hanley, M & Tewari, H 2018, "Managing Lifetime Healthcare Data on the Blockchain", IEEE SmartWorld, Ubiquitous Intelligence & Computing, Advanced & Trusted Computing, Scalable Computing & Communications, Cloud & Big Data Computing, Internet of People and Smart City Innovation (SmartWorld/SCALCOM/UIC/ATC/ CBD Com/IOP/SCI, Guangzhou, pp. 246-251.

46.   Heise HM 1996, "Non-invasive monitoring of metabolites using near infrared spectroscopy: state of the art", HormMetab Res. vol.28(10), pp. 527-534.

47.   https://en.wikipedia.org/wiki/Primary_Health_Centre_(Índia)

48.   Huang, J 2019, 'Estratégia metabolómica baseada em GC-MS para distinguir três tipos de pancreatite aguda', Pancreatology, vol. 19, no. 5, pp. 630-637.

49.   Hui Chen, Zan Lin, Lin Mo, Tong Wu & Chao Tan 2015, 'Near-Infrared Spectroscopy as a Diagnostic Tool for Distinguishing between Normal and Malignant Colorectal Tissues', BioMed Research International, vol. 2015, Article ID 472197, pp. 7.

50.   Imrana Qadeer 2000, 'Health care systems in transition III', India, Part I. The Indian experience, Journal of public health medicine, vol.22(1), pp. 25-32.

51.   Jianghua Liu, Xinyi Huang & Joseph K Liu 2015, 'Secure sharing of Personal Health Records in cloud computing: Ciphertext-Policy Attribute-Based Signcryption", Future Generation Computer Systems, vol. 52, pp. 67-76

52.   Jintao, X, Liming, Y, Yufei, L, Chunyan, L & Han, C 2017, "Medição não invasiva e rápida da glucose no sangue in vivo por espetroscopia de infravermelhos próximos (NIR)", Spectrochim Ata A Mol Biomol Spectrosc. vol. 179, pp. 250-254.

53.   Josefin, S, & Maria, H 2015, 'Evaluation of seven Time -Frequency Representation algorithms applied to Broadband Echolocation Signals', Advances in Acoustics and Vibration, Vol.2015, p.13.

54.   Kondepati, VR, Heise, HM & Backhaus, J 2008, 'Recent applications of near-infrared spectroscopy in cancer diagnosis and therapy', Anal BioanalChem vol.390, p.125.

55.   Kruse, CS, Smith, B, Vanderlinden, H & Nealand, A 2017, "Security Techniques for the Electronic Health Records", Journal of medical systems, vol. 41(8), p.127.

56.   Krzysztof B Beć & Christian W Huck 2019, 'Potencial de avanço na espetroscopia de infravermelho próximo: simulação de espectros', Uma revisão dos desenvolvimentos recentes, Frontiers in Chemistryhttps://doi.org/10. 3389/fchem. 2019.00048.

57.   Kumari, V, Kumar, MY, Abbasi, S, Kumari, P, Chaudhary & Chen, C 2020, 'CSEF: Estrutura segura e eficiente baseada em nuvem para sistema médico inteligente usando ECC", em IEEE Access, vol.8, pp.107838-107852.

58.   Li, P, Li, J & Huang, Z 2018, 'Privacy-preserving outsourced classification in cloud computing', Cluster Comput vol.21, pp.277-286.

59.   Li, Z, Ma, C & Wang, Di 2017, 'Towards Multi-Hop Homomorphic Identity-Based Proxy Re-Encryption via Branching Program', IEEE Access, vol.5, pp.16214-16228.

60.   Lidia Esteve Agelet & Charles R Hurburgh Jr. 2010, 'A Tutorial on Near Infrared Spectroscopy and Its Calibration', Critical Reviews in Analytical Chemistry, vol. 40(4), pp. 246-260.

61.	Lin, Y 2019, "A aplicação da tecnologia de inteligência artificial no diagnóstico da pancreatite aguda", Progn. Syst. Heal. Manag. Conf, vol. 2, no. 1, pp. 244-248.

62.	Liu, X, Lu, R, Ma, J, Chen, L & Qin, B 2016, 'Privacy-Preserving Patient-Centric Clinical Decision Support System on Naïve Bayesian Classification,' in IEEE Journal of Biomedical and Health Informatics, vol. 20, no. 2, pp. 655-668.

63.	Lu-Chou Huang, Huei-Chung Chu, Chung-Yueh Lien, Chia-Hung Hsiao & Tsair Kao 2009, "Privacy preservation and information security protection for patients portable electronic health records", Computers in Biology and Medicine, vol.39(9), pp. 743-750.

64.	Ma, G, Liu, J & Wei, Z 2010, 'The Portable Personal Health Records: Storage on SD Card and Network, Only for One's Childhood", Conferência Internacional sobre Engenharia Eléctrica e de Controlo, Wuhan, pp. 4829-4833.

65.	Mahmood, ZH & Ibrahem, MK 2018, 'New Fully Homomorphic Encryption Scheme Based on Multistage Partial Homomorphic Encryption Applied in Cloud Computing,' 1st Annual International Conference on Information and Sciences (AiCIS, Fallujah, Iraq, pp. 182-186.

66.	Man Ho Au, Tsz Hon Yuen, Joseph K Liu, Willy Susilo, Xinyi Huang, Yang Xiang & Zoe L Jiang 2017, "A general framework for secure sharing of personal health records in cloud system", Journal of Computer and System Sciences, vol. 90.

67.	Mandal, S, Basak, K, Mandana, KM, Ray, AK, Chatterjee, J & Mahadevappa, M 2011, 'Development of cardiac prescreening device for rural population using ultralow-power embedded system', IEEE Trans Biomed Eng. vol. 58(3), pp.745-749.

68.	Maria, A 2019, 'Local and systemic effects of aging on acute pancreatitis,' Pancreatology, vol. 19, no. 5, pp. 638-645.

69.	Miao, Y, Ma, J, Liu, X, Wei, F, Liu, Z & Wang, XA 2016, 'm2-ABKS: Attribute-Based Multi-Keyword Search over Encrypted Personal Health Records in Multi-Owner Setting", J Med Syst. vol.40(11), pp. 246.

70.	Nabeil Eltayieb, Rashad Elhabob, Alzubair Hassan & Fagen Li 2020, "Ablockchain-based attribute-based signcryption scheme to secure data sharing in the cloud", Journal of Systems Architecture, vol.102.

71.   Nihad Ahmad Hassan 2016, Data Hiding Techniques in Windows OS - A Practical approach to Investigation and Defense, ISBN-13: 978-0128044490 Syngress; 1 edição ;

72.   Nissan, N, Golan, T, Furman-Haran, E, Apter, S & Inbar, Y 2014, 'Diffusion Tensor Magnetic Resonance Imaging of the Pancreas', PLoS ONE vol.9(12), pp. e115783.

73.   Ozaki, Y, Genkawa, T & Futami, Y 2017, 'Near-Infrared Spectroscopy', Encyclopedia of Spectroscopy and Spectrometry, pp. 40-49.

74.   Paar, C, Pelzl, J, Paar, C & Pelzl, J 2009, 'The RSA Cryptosystem. Em Understanding Cryptography', https://doi.org/10.1007/978-3-642-0410 1-3_7

75.   Page, A, Kocabas, O, Soyata, T, Aktas, M & Couderc, JP 2015, 'Cloud-based privacy-preserving remote ECG monitoring and surveillance', Ann Noninvasive Electrocardiol. vol.20(4), pp. 328-337.

76.   Pandey, K 2020, Key Issues in Healthcare Data Integrity: Analysis and recommendations, em IEEE Access, vol. 8, pp. 40612-40628.

77.   Párniczky, A 2019, "Antibioticoterapia na pancreatite aguda: From global overuse to evidence based recommendations,' Pancreatology, vol. 19, no. 4, pp. 488-499.

78.   Parupudi, S & Abougergi, MS 2019, 'Trends in same-admission cholecystectomy and endoscopic retrograde cholangiopancreatography for acute gallstone pancreatitis: A nationwide analysis across a decade,' Pancreatology, vol. 19, no. 4, pp. 524-530.

79.   Peiris, D, Praveen, D, Mogulluru, K, Ameer, MA, Raghu, A & Li, Q 2019, 'SMART health India: Um ensaio clínico controlado, aleatório e por clusters de uma intervenção de saúde móvel gerida por um agente de saúde comunitário para pessoas avaliadas com elevado risco de doença cardiovascular na Índia rural". PLoS ONE vol. 14(3), p. e0213708.

80.   Pengfei Liang, Leyou Zhang, Li Kang & Juan Ren 2019, 'Privacy-preserving decentralized ABE for secure sharing of personal health records in cloud storage', Journal of Information Security and Applications, vol. 47, pp. 258-266.

81.   Peter Pharow & Bernd Blobel 2005, "Electronic signatures for long-lasting storage purposes in electronic archives", International Journal of Medical Informatics, vol. 74(2-4), pp. 279-287.

82. Pharm, AKMS 2019, "Nanopartículas de óxido de ítrio reduzem a gravidade da pancreatite aguda causada pela hiperestimulação da ceruleína", Nanomedicine Nanotechnology, Biol. Med, vol. 18, no. 1, pp. 54-65.

83. Premarathne, U, Abuadbba, A, Alabdulatif, A, Khalil, I, Tari, Z, Zomaya, A & Buyya, R 2016, "Hybrid Cryptographic Access Control for Cloud-Based EHR Systems", IEEE Cloud Computing, vol. 3(4), pp. 58-64.

84. Qiu, H, Qiu, M, Liu, M & Memmi, G 2020, "Secure Health Data Sharing for Medical Cyber-Physical Systems for the Healthcare 4.0," in IEEE Journal of Biomedical and Health Informatics, vol. 24, n.º 9, pp. 2499-2505.

85. Ramani, S, Sivakami, M & Gilson, L 2019, 'How context affects implementation of the Primary Health Care approach: an analysis of what happened to primary health centres in India', BMJ Glob Health vol.3, p.e001381.

86. Ranganayakulu Bodavala 2002, ICT applications in public healthcare system in India: A review, ASCI journal of management 31(1&2).

87. Re-encriptação, A 2007, Lecture 17: Re-encryption. pp. 1-6.

88. Reghina, AD, Craciun, S & Fica, S 2015, 'Severe Transient Hyperglycemia in a Prediabetic Patient during Mild Acute Pancreatitis', Case Reports in Medicine, vol.1, pp. 1-3.

89. Richard E Scott 2007, 'e-Records in health Preserving our future', International Journal of Medical Informatics, vol.76(5-6).

90. Rodríguez, ES, De Paredes, AGG & Albillos, A 2019, 'Gestão atual da pancreatite idiopática aguda e da pancreatite aguda recorrente □,' Rev. Clíínica Española (English Ed, vol. 219, no. 5, pp. 266-274.

91. Roger P Worthington & Anupriya Gogne 2011, 'Cultural aspects of primary healthcare in India: A case- based analysis", Worthington e Gogne Asia Pacific Family Medicine, vol.10(8), pp. 1-5.

92. Samaneh Madanian, Dave T Parry, David Airehrour & Marianne Cherrington 2019, 'mHealth and big-data integration: promises for healthcare system in India', BMJ health & care informatics, vol.26(100071), pp.1-8.

93.   Senthil Kumar, K & Kavitha, G 2019, 'Deteção de Diabetes através da monitorização do pâncreas utilizando o sensor NIR', International Journal of Innovative Technology and Exploring Engineering, vol.8(8S).

94.   Sethi, K, Majumdar, A & Bera, P 2017, 'A novel implementation of parallel homomorphic encryption for secure data storage in cloud', 2017 International Conference on Cyber Security And Protection Of Digital Services, Cyber Security 2017. https://doi.org/10.1109/Cyber SecPODS.2017.8074851

95.   Shahnaz U Qamar & Khalid, A, 'Using Blockchain for Electronic Health Records,' in IEEE Access, vol. 7, pp. 147782-147795.

96.   Shankar Prinja, GursimerJeet, Ramesh Verma, Dinesh Kumar, Pankaj Bahuguna, Manmeet Kaur & Rajesh Kumar 2014, 'Economic Analysis of Delivering Primary Health Care Services through Community Health Workers in 3 North Indian States', Cost of community health worker services, vol. 9(3), pp. 1-9.

97.   Shankar Prinja, GursimerJeet, Ramesh Verma, Dinesh Kumar, Pankaj Bahuguna, Manmeet Kaur & Rajesh Kumar 2016, 'Cost of Delivering Health Care Services in Public Setor Primary and Community Health Centres in North India', Cost of Health Services in PHC and CHC, vol.11(8), pp. 1-15.

98.   Shidhaye, R, Baron, E & Murhar, V 2019, 'Impacto a nível comunitário, das instalações e individual da integração do rastreio e tratamento da saúde mental no sistema de cuidados de saúde primários no distrito de Sehore', Madhya Pradesh, Índia. BMJ Global Health, pp. 4:e001344.

99.   Shirin Madon, Y, Krishna, S & Edwin Michael 2010, 'Health information systems, decentralisation and democratic accountability', public administration and development, vol. 30, pp. 247-260.

100.   Shreekant Iyengar & Ravindra H Dholakia 2012, "Access of the Rural Poor to Primary Healthcare in India", Review of Market Integration vol. 4(1), pp. 71-109.

101.   Siddharudha Shivalli, JP, Majra, KM, Akshaya & Ghulam Jeelani Qadiri 2015, 'Family Centered Approach in Primary Health Care: Experience from an Urban Area of Mangalore, India", The Scientific World Journal, Article ID 419192, p. 8.

102. Solakoglu, T, Koseoglu, H, Isikoglu, S, Erel, O & Ersoy, O 2017, 'Associação entre antioxidantes e pancreatite aguda leve', Arab J. Gastroenterol, vol. 18, no. 4, pp. 201-205.

103. Sreenivasa Rao, Y 2017, "A secure and efficient Ciphertext-Policy Attribute-Based Signcryption for Personal Health Records sharing in cloud computing", Future Generation Computer Systems, vol. 67, pp.133-151.

104. Srivastava, SK 2016, "Adoção de registos de saúde electrónicos: A Roadmap for India", Healthc Inform Res. vol.22(4), pp. 261-269.

105. Steele, R & Lo, A 2009, "Future Personal Health Records as a Foundation for Computational Health", In: Gervasi O, Taniar D, Murgante B, Laganà A, Mun Y, Gavrilova M.L. (eds) Computational Science and Its Applications - ICCSA 2009. Notas de aula em Ciência da Computação, 5593. Springer, Berlim, Heidelberg.

106. Subhagata Chattopadhyay 2010, A Framework for Studying Perceptions of Rural Healthcare Staff and Basic ICT Support for e-Health Use: An Indian Experience, Telemedicine and e-Health, vol. 16(1), pp. 81-86.

107. Sundeep Sahay & Geoff Walsham 2006, 'Scaling of Health Information Systems in India: Challenges and Approaches", Information Technology for Development, vol.12(3), pp.185-200.

108. Tamburini, E, Costa, S, Rugiero, I, Pedrini, P & Marchetti, MG 2017, 'Quantificação de licopeno, β-caroteno e sólidos solúveis totais em melancia de polpa vermelha intacta (Citrulluslanatus) usando espetroscopia de infravermelho próximo em linha', Sensores (Basileia, Suíça), vol. 17 (4), p.746.

109. Tummers, WS, Willmann, JK, Bonsing, BA, Vahrmeijer, AL, Gambhir, SS & Swijnenburg, RJ 2018, 'Advances in Diagnostic and Intraoperative Molecular Imaging of Pancreatic Cancer', Pancreas, vol.47(6), pp. 675-689.

110. Vega Pradana Rachim & Wan-Young Chung 2019, 'Wearable-band type visible-near infrared optical biosensor for non-invasive blood glucose monitoring', Sensors and Actuators B: Chemical, vol. 286, pp. 173-180.

111. Virostko, J, Hilmes, M, Eitel, K, Moore, DJ & Powers, AC 2016, 'Use of the Electronic Medical Record to Assess Pancreas Size in Type 1 Diabetes', PLoS ONE vol.11(7), p. e0158825.

112. Vora, J 2018, "BHEEM: A Blockchain-Based Framework for Securing Electronic Health Records", IEEE Globecom Workshops (GC Wkshps, Abu Dhabi, Emirados Árabes Unidos, pp. 1-6.

113. Win, KT 2005, A review of security of electronic health records (Uma análise da segurança dos registos de saúde electrónicos). Health InfManag. vol.34(1), pp.13-18.

114. Wollersheim, D, Sari, A & Rahayu, W 2009, 'Archetype-based electronic health records: a literature review and evaluation of their applicability to health data interoperability and access', Health InfManag. vol.38(2), pp. 7-17.

115. Xuejiao Liu, Yingjie Xia, Wei Yang & Fengli Yang 2018, "Secure and efficient querying over personal health records in cloud computing", Neurocomputing, vol. 274, pp. 99-105.

116. Yan J, Laflamme S, Singh P, Sadhu A, Dodson J 2020, 'A Comparison of Time-Frequency Methods for Real-Time Application to High-Rate Dynamic Systems', Vibration, vol. 3 no.3, pp.204-216.

117. Yang, L, He, Z, Tang, X & Liu, J 2013, 'Type 2 diabetes mellitus and the risk of acute pancreatitis', European Journal of Gastroenterology & Hepatology, vol. 25 no.2, pp. 225-231.

118. Yuan, X & Gomathisankaran, M 2016, 'Secure Medical Image Processing for Mobile devices using Cloud services', Mobile Imaging for Healthcare Applications, SPIE Press.

119. Yuan-Ping Lin & Chung-Chih Lin 2019, A Aplicação da Tecnologia de Inteligência Artificial no Diagnóstico da Pancreatite Aguda, Conferência de Prognóstico e Gestão da Saúde do Sistema.

120. Zhang, C, Zhu, L, Xu, C & Lu, R 2018, 'PPDP: An efficient and privacy-preserving disease prediction scheme in cloud-based e-Healthcare system", Future Generation Computer Systems, vol.79, pp.16-25.

121. Zhang, H, Yu, J, Tian, C, Zhao, P, Xu, G & Lin, J, 'Cloud Storage for Electronic Health Records Based on Secret Sharing with Verifiable Reconstruction Outsourcing,' in IEEE Access, vol.6, pp. 40713-40722.

122. Zhang, Z, Plantard, T & Susilo, W 2012, 'Ataque de reação à computação externalizada com esquemas de encriptação totalmente homomórficos', In: Kim H. (eds) Segurança da Informação e Criptologia - ICISC 2011.

Notas de aula em Ciência da Computação, vol. 7259. Springer, Berlim, Heidelberg.

123.   Zhao, F, Li, C & Liu, CF 2014, 'A cloud computing security solution based on fully homomorphic encryption,'16th International Conference on Advanced Communication Technology, Pyeongchang, pp. 485-488.

124.   Zhebfei Zhang, Thomas Plantard & Willy Susilo 2011, 'Reaction attack on Outsourced Computing with Fully Homomorphic Encryption Approaches', Information security and cryptology - ICISC 2011. 14th international conference, Seoul, Korea, Revised, pp. 419-436.

125.   Zhou, L, Varadharajan, V & Gopinath, K, 'A Secure Role-Based Cloud Storage System For Encrypted Patient-Centric Health Records,' in The Computer Journal, vol. 59, no. 11, pp. 1593-1611.

ÍNDICE DE CONTEÚDOS

INTRODUÇÃO 1

PESQUISA BIBLIOGRÁFICA 29

ARQUITECTURA DE SISTEMAS - SEC-EHRSAF 51

REPOSITÓRIO DE ARMAZENAMENTO EHR UTILIZANDO SISTEMAS DE

CRIPTOGRAFIA BGN 68

PARTILHA SEGURA DE EHR UTILIZANDO O ALGORITMO AFGH 91

CONCLUSÃO E TRABALHO FUTURO 114

Printed by Books on Demand GmbH, Norderstedt / Germany